教科書には載っていない

日本軍の謎

日本軍の謎検証委員会

彩図社

はじめに

中学・高校で使用する一般的な日本史の教科書では、近代に起こった戦争の歴史については記載されているものの、「日本軍」や「日本軍が使用した兵器」「日本軍が立てた作戦」などについてはほとんど触れられていない。

そのため、例えば「九七式中戦車」の性能や「ガダルカナル島奪還作戦」の内容、あるいは大日本帝国の軍人たちの詳しい人物像などに関して知る機会は、それほど多くないように思える。

だが、こうした日本軍に関連するできごとや兵器、作戦などに関する逸話は非常に多く、また、これらを広く知ることによって、戦中の日本でどのようなことが起きていたのかを垣間見ることもできる。

本書は、そんな日本軍に関連する33の疑問についてまとめた1冊だ。

第1章「日本軍の極秘作戦」では日本軍が立てた信じられないような軍事作戦を、第2章「国産兵器の性能と謎」では日本軍が採用した兵器の性能や開発秘話を、第3章「日本軍にまつわる事件」では戦前・戦中に起きた驚くべき事件を、第4章「軍人たちの知られざる素顔」では陸海軍人たちの意外な一面を、第5章「戦時下の恐るべき体制」では現代とはまったく異なる当時の日本の様子についてそれぞれ述べている。


陸軍史上最悪の悲劇を生んだ作戦とはなんだったのか——。

「零戦」の実力はいかほどのものだったのか——。

アメリカを激怒させた「死の行進」事件はなぜ起きたのか——。

真の「特攻の父」とは誰だったのか——。

スパイ養成学校「陸軍中野学校」ではどのような授業が行われていたのか——。

教科書からは学ぶことのできない、これら日本軍にまつわる謎を、たっぷりとご堪能いただきたい。

日本軍の謎検証委員会

教科書には載っていない 日本軍の謎 目次

第2章　国産兵器の性能と謎

第3章 日本軍にまつわる事件

第5章　戦時下の恐るべき体制

ガダルカナル戦において、敵軍の襲撃を受け、物資の荷揚げに失敗した輸送船「鬼怒川丸」。

第1章
日本軍の極秘作戦

日本軍の謎
vol.1

【インパール作戦】陸軍史上最悪の悲劇を生んだ作戦とは？

「補給部隊軽視」の傾向

「輜重《しちょう》、輸卒《ゆそつ》が兵隊ならば、電信柱に花が咲く」

この戯歌は、当時の日本兵たちが「輜重」「輸卒」という部隊を嘲笑するために作ったものである。

これら「輜重」「輸卒」とは、現代でいうところの「補給部隊」だ。

日本軍は陸海軍問わず、主力の部隊や兵器には力を入れる一方、それらを維持する「補給」については信じられないほど軽視しており、特に陸軍においてはその傾向が顕著だった。

そして、このような補給に対する蔑視が、陸軍最悪とも言える悲劇の引き金となったのだった。その悲劇が、〝太平洋戦争の中で最も愚かな作戦〟といわれる「インパール作戦」である。

1943年5月、第15軍司令官の牟田口廉也《むたぐちれんや》中将は、英国軍下のインドの都市インパールの攻略作戦を提案した。この牟田口という将校は気性が荒いことで有名で、常に鞭を持ち歩き、気に入らない者は、それがたとえ幕僚相手であっても殴り倒したといわれている。

作戦の目的は、10万人以上の軍隊でインパールを突破してインドやドイツと手を組み、英国軍を殲滅すること。しかし実際には、海軍に比べて影の薄かった陸軍の現状を打破すべく、華々しい戦果を挙げて陸軍の存在をアピールしたいという思惑もあった。

しかし、身内の陸軍将校の多くはこの作戦に反対した。インパールは険しい山々や深い森林に囲まれ、移動も補給も困難な自然の要塞だったことがその理由で、代わりに防御面を考慮した修正案が提案された。

だが、牟田口は聞く耳を持たず、大本営も同年8月に作戦の準備命令を下したのである。

インパール作戦時、象に乗り進撃する日本軍の部隊

長引く戦闘と英国の罠

1944年3月8日、約10万人の第15軍は、インパールへ進軍を開始。途中でインド国民軍

第 15 軍司令官・牟田口廉也中将。気性が荒いことで有名だった。

を味方に引き入れ、3個師団に分かれて進軍していった。だが、進軍から2週間を過ぎたあたりで問題が発生する。

当初、牟田口は2週間ほどでインパールを占領できると考えており、兵士には2週間分の食糧しか持たせていなかったのだが、その目論見は外れ、戦闘が長引いていた。

加えて、物資を輸送していたのは輸送車両ではなく牛や馬だったのだが、これらの動物たちが事故や戦闘に巻き込まれ、多くの物資と共に命を落としていったのである。

こうした事態に直面した各師団は本部に補給支援を求めたが、「糧は敵に求めよ」「現地調達せよ」といわれるばかりでまともに相手にされることがなかった。

それでも、なんとか第15軍は各地で英国軍を蹴散らし、インパールの目前にまで到達したのだが、実はこれは、敵の巧妙な罠だった。

英国軍は、わざと敗走しながら日本軍を引きつけ、補給戦を長引かせるだけ長引かせて、反撃に出るという作戦を立てていたのである。

この罠にはまった日本陸軍は包囲され、英国軍の集中砲火を浴びることとなった。日本側は反撃に転じるも、得意の夜襲も効果はなく、家畜も空爆によってほぼ全滅。さらに、わずかに生き残った家畜たちは飢えた兵隊に食べ尽くされた。

こうして作戦続行が困難な状態に陥ったが、司令官の牟田口は日本側敗走の報告を受けても、絶対に退却を許さなかったという。

凄惨な「白骨街道」

その後、5月に入ると、どの部隊にももはや反撃する気力は残されていなかった。

物資のなくなった師団は、矢継ぎ早に補給を要請したが、牟田口は「自分で何とかしろ」というばかりで、米一粒さえ送ろうとしない。牟田口がいる本部の倉庫には食糧が大量に保管されていたにもかかわらずだ。

こうした牟田口の仕打ちに、第31師団長の佐藤幸徳《こうとく》中将は憤慨。「作戦続行は不可能」として、独自で撤退を開始した。

しかし、当然ながら牟田口は激怒し、佐藤をはじめ、他の師団長まで更迭してしまう。ところがその結果、兵士の統率が危うくなり、軍全体が総崩れになってしまった。

さすがの牟田口もこの事態には危険を感じ取り、作戦開始から約4カ月後の7月3日、やむなく作戦の中止を決定した。こうして、ようやく第15軍は退却を許されたのである。

本部の態度に憤慨し独断で師団の撤退に踏み切った佐藤幸徳中将

とはいうものの、輸送用の牛や馬はイギリス軍の攻撃を受けて使い物にならなくなっていたので、撤退時の移動手段は徒歩だった。

そのため兵士たちは深いジャングルをさまよい、湿気やスコール、あるいは毒ヘビや虫などに悩まされながら、銃を杖代わりにして安全圏を目指した。

しかし、極限状態に晒されていた兵士たちは体力がすでに限界を超えており、極度の飢えやマラリア、赤痢などにやられて次々と力尽きていった。

加えて、英国軍の追撃も空陸問わずに続けられ、戦うことのできない敗残兵たちは容赦なく撃ち殺されていったのである。

そうした厳しい環境の中、撤退のために日本兵たちが歩いた後には、屍《しかばね》が累々と横たわった。その様子の惨たらしさから、兵士たちはその退却路を「白骨街道」と呼んだという。

そして、このインパール作戦が決行された結果、参加した約10万人の日本側兵士のうち、約3万人が戦死。そのほとんどが餓死者か病死者だった。

責任は誰に？

こうして作戦が失敗に終わると、牟田口は責任のなすりつけに奔走した。そのターゲットとなったのが、独断で撤退した佐藤幸徳中将だった。

当《とう》の佐藤は、軍法会議において牟田口の責任を追及するつもりだったが失敗に終わり、逆に軍医によって心神喪失の診断を下されてしまい、予備役に編入されることになった。

すると牟田口は、半ば隔離状態の佐藤が反論できないのをいいことに、自分にとって都合の良い主張を繰り広げた。それは、以下のようなものだ。

「作戦に一切の不備はなかった。敗北したのは勝手に撤退したからだ」

このようにして、牟田口はインパール作戦の敗因のすべてを佐藤に押しつけようとしたのである。

しかし、当時の牟田口の思惑はどうあれ、事実関係が明らかになった現在では、その主張に耳を傾ける者はいない。インパール作戦の失敗は、牟田口や大本営による補給軽視にあったと言わざるをえないだろう。

日本軍の謎
vol.2

【回天特別攻撃隊】人間魚雷「回天」の悲劇とは？

戦局挽回のための「人間魚雷」

1944年3月、戦局の悪化を重く見た日本海軍軍令部は、「特殊奇襲兵器試作方針」を発令し、戦局を挽回すべく「金物」という暗号がつけられた特殊兵器を次々と設計していった。

これら金物の中で、ひときわ異彩を放った兵器が「人間魚雷」である。

この人間魚雷のもととなったのが、日本海軍の秘密兵器だった「九三式魚雷」だ。

当時、魚雷のスクリューを回す酸化剤はタンクに充満させた空気が使われていたのだが、空気の大部分を占める窒素は水に溶けないため、白い航跡が残り、敵に発見されやすかった。

しかし、九三式では酸化剤を純酸素に変えることで航跡をなくすことが可能となった。加えて、爆薬量を増やすことで威力も向上していた。

日本海軍は、アメリカ軍から「青白い暗殺者」あるいは「ロングランス」と恐れられたこの魚雷を人間に操縦させることで、命中率もアップさせようと考えたのである。

結果、人間魚雷は海軍に制式採用され、新しい名前がつけられることとなった。その名は「回天《かいてん》」。「天を回し、戦局を挽回させるもの」という意味でつけられた名称だ。

そして、この人間魚雷の採用が、結果的には日本初の水中特攻兵器を生み出すきっかけとなったのである。

人間魚雷「回天」

脱出装置のない構造

回天を世に送り出した中心人物は、黒木博司《くろきひろし》大尉と仁科関夫《にしなせきお》中尉の２人だ。

小型の特殊潜航艇「甲標的《こうひょうてき》」の元乗組員であり、潜水艦戦闘にも精通していたこの２人は、酸素魚雷だけではアメリカを倒せないことを理解していた。そこで考えついたのが、兵士が乗って操縦する有人魚雷の特殊攻撃だった。

２人は開戦直後から海軍本部にこの作戦を提唱し続けていたが、当時は戦局が優勢だったため、海軍がこれを採用することはなかった。

までなかったのである。

黒木博司大尉（左）と仁科関夫中尉（右）（仁科中尉の写真引用:『回天菊水隊の四人　海軍中尉仁科関夫の生涯』）

そんな状況が変わったのが、敗戦が目立ち始めた１９４３年のこと。多くの将校が反撃の手段を模索する中、２人は積極的に軍令部や有力将校へ有人魚雷の有用性を提唱し続け、その結果、１９４４年２月に試作型の生産が認められたのである。

回天の製造計画は特殊奇襲兵器試作方針の一部に組み込まれ、試作型は7月に完成した。そして翌月には制式に採用され、人間魚雷の量産がスタートする。

実はこの際には、操縦者が生還できるよう、脱出するための装置をつけることが義務づけられていたのだが、装置の製作が間に合わなかったことなどから、実際に完成した回天に、肝心の脱出装置が取りつけられることは最後

発案者の２人も散る

制式採用から１カ月後の１９４４年9月、山口県大津島に基地が建てられ、回天の本格的な運用が開始された。

搭乗員は予科練や海軍兵学校などから志願を募って召集し、訓練時には黒木大尉と仁科中尉が自ら指導を行った。

だが、この訓練の段階で問題が多発してしまう。直進することを前提としている魚雷は、操縦には不向きであり、また、潜望鏡の視界が狭いこともあって、回天の扱いはとてつもなく難しいものだったのだ。事故で海底に沈み込むことも珍しくはなかったが、回天の扉は浮上しないと開けられないため、自力での脱出は不可能に近かった。

さらに、沈んでしまえば場所を突き止めることも困難となることから、救助もされないまま、何人もの訓練生が命を落とすこととなった。訓練中の事故で亡くなった数は、終戦までに15人。その中には、提案者の黒木大尉も含まれていた。

こうして、多くの犠牲を出しながらも訓練を続けた海兵たちは、１９４４年11月8日、ついに出撃のときを迎える。

成績優秀者の中から選抜された12名で編成された「菊水隊」は、西太平洋カロリン諸島周

回天に撃沈されたアメリカ海軍の給油艦「ミシシネワ」

辺のウルシー環礁と、パラオのコッソル水道の2方面に分かれて出撃。そのメンバーの中には、仁科中尉の姿もあった。

このうち、パラオ方面の菊水隊は敵の攻撃で全滅。しかし、ウルシー方面の部隊は、200隻の敵艦隊を発見して攻撃に出た。真っ先に発進したのは、仁科中尉だった。

潜水艦「伊三六」と「伊四七」から放たれた回天は5基。これらの潜水艦が帰還した後、大本営が発表した回天の戦果は「空母2、戦艦3撃沈」だったが、実際の戦果は、給油船が1隻沈んだだけだった。

しかし、これに気を良くした海軍は、さらに回天部隊を拡大し、特攻作戦を継続していったのである。

わずかな戦果

先に述べた菊水隊の後も、回天部隊は何度も戦場へ赴いた。一番出番の多かったのが沖縄方面で、１９４５年3月以降は、ほぼ1カ月ごとに出撃。その数は約１５０基に上り、80人以上の若者が海に散っていった。

その戦果に関しては、大本営によって景気の良い報告が続いたが、現実はそんなに甘くはなく、敵軍による湾岸警備が強化されると、被害が目立ち始めた。発射できるのはまだ良いほうで、回天を放つ前に潜水艦ごと撃沈されるケースも多くなった。

こうして港への攻撃が難しくなると、目標は航行中の艦隊に絞られた。しかし、それでも苦戦は変わらず、人命と引き換えに得た戦果はわずか撃沈3隻、損傷5隻。しかも、そのすべてが駆逐艦や輸送艦などであり、空母のような大型艦艇は1隻もなかった。

それでも海軍は回天に望みを託し、本土決戦に備えて沿岸部に多数の発進基地を建造した。そして新型の回天も次々と設計されたが、結局それらが実際に使われることはなく、8月15日の終戦と共に、無用の長物となったのである。

ちなみに、人間魚雷自体はドイツやイタリアにも存在し、実際に戦果も残している。ただ、彼らの場合はあくまでも「生還を前提とした」体当たり攻撃であり、そのため、脱出用の酸素マスクや潜水作業着の着用も義務づけられていた。

また、ドイツは航空機による脱出前提の体当たり攻撃も行ったが、損害のほうが大きいとして、すぐさま作戦は中止された。人間を使い捨てにするような特攻を終戦まで続けたのは、日本だけだったのである。

日本軍の謎
vol.3

日本にも原子爆弾の開発計画があった？

【二号研究・F研究】

各国で進められた原爆開発

世界で唯一の原子爆弾の被爆国である日本。しかし、まかり間違えば日本が加害国になっていた可能性もあった。

というのも、実は日本も太平洋戦争時には、原子爆弾開発研究を行っていたのだ。それが、「二号研究」と「F研究」である。

1934年、東北帝国大学（現・東北大学）の彦坂忠義《ひこさかただよし》博士が原子核の構造を調べ、「原子物理学理論」を発表。原子核には巨大なエネルギーが秘められていることを主張し、また、それを利用した兵器の実用化についても指摘した。

だが、彼のこの理論は、日本の物理学会では評価されず、アメリカの物理学会誌に投稿した論文も掲載を拒否されてしまう。

しかしその後の1938年、彦坂博士の理論に影響を受け、ドイツの科学者であるオッ

日本に投下された２発の原子爆弾。左は広島市に、右は長崎市に投下された直後に立ち上るキノコ雲の様子

トー・ハーンとフリッツ・シュトラスマンが、ウラニウムの核分裂を発見した。

さらに２人は、ウラン２３５に衝撃を与えて分裂させることにも成功し、その翌年には、ナチス政権化のドイツで原爆の開発が試みられるようになる。

これに反発を覚えたのがユダヤ系の科学者たちである。亡命ユダヤ人物理学者であるレオ・シラードらは、アインシュタインの署名を借りて、アメリカの大統領・ルーズベルトにナチスの核開発とその危険性を信書で進言した。

これを受けて、アメリカ政府もまた、原爆開発計画である「マンハッタン計画」をスタートさせることとなる。

そんな中、日本では１９４０年、陸軍航空技術研究所所長であった安田武雄中将に対し、理化学研究所の仁科《にしな》芳雄博士が、「ウラン爆弾」の研究を進言した（陸軍側から理化学研究所に要請したという説もある）。

こうして、1941年に陸軍航空本部は理化学研究所に原爆の開発を依頼し、1943年に、仁科博士を中心として「ニ号研究」が開始されることとなったのである。

入手が困難なウラン鉱石

実は、原爆の製造は理論的には簡単で、ウラン235を使用した場合、数キロ程度の大きさの塊をつくれば核分裂反応が進み、大爆発を起こす。

しかし、ウラン235は天然ウランにわずか0・7%しか含まれておらず、これをいかに分離し、濃縮させるかが問題だった。

その濃縮方法として考えられたのが、「電磁法」「超遠心分離法」「気体拡散法」「熱拡散法」の四つ。このうち、仁科たちは熱拡散法を採用し、開発は進められていくことになった。

一方、海軍もまた1941年に、京都帝国大学（現・京都大学）理学部の荒勝文策《あらかつぶんさく》教授に原爆の開発を依頼しており、1942年には京都帝大と共同でその可能性を検討している。

この計画は「F研究」と呼ばれ、ニ号研究とは異なり、遠心分離法による濃縮方法を採用することとなった。

しかし、これらの原爆開発研究は、開始当初から問題が相次いでいた。中でも最も深刻だった問題が、ウランの入手法である。

例えば、広島型原子爆弾に使用されたウラン２３５は約60キロであるが、これだけの量のウラン２３５を使用するには、莫大な量の天然ウランが必要になる。

そのため、朝鮮半島、満洲、モンゴルなどでウランの採掘が行われたのだが、その成果ははかばかしくなく、福島県石川町でも採掘を始めたものの、掘り出されたウランはごくわずかな量に過ぎなかった。

原爆開発計画「二号研究」で中心的な役割を果たした仁科芳雄博士

そんな中、日本が目をつけたのが、チェコのウラン鉱山だった。当時、チェコはナチスの支配下にあったため、日本はドイツに資源の提供を要請。この要請を受け、ドイツ側は１９４５年３月、「機密物資」を輸送する特命を帯びた潜水艦「Ｕ２３４」を、キール軍港から出港させた。

この機密物資とは、むろん日本に運ぶための「ピッチブレンド」（酸化ウラン）であり、その量はなんと５６０キロだった。

しかし同年の５月、ドイツは連合国側に降伏

1945年7月16日、アメリカはトリニティ実験を成功させた。写真は実験時の爆発の様子。

し、全軍に対して投降命令が出される。

当然、ウランを積んだU234も浮上投降しなければならなかったが、潜水艦に同乗していた日本軍の中佐2名は、艦長に対して特命の完遂を嘆願した。

しかし、結局艦長は投降を決断し、2名の中佐はその夜に自決することとなった。

頓挫した計画

このように、ウランの入手が非常に困難だったことに加え、計算上、熱拡散法では10%濃縮ウランを得るのに100年近くかかることも判明してしまい、原爆開発はますます暗礁に乗り上げることとなった。

そして、1945年4月の東京大空襲で、理化学研究所の熱拡散塔が焼失してしまったため、二号研究は続行不可能になってしまう。

その後、6月に陸軍が、7月には海軍が計画の中止を決定し、日本の原子爆弾開発計画は終わったのだった。

ちなみに、日本の科学者は「10％の濃縮ウラン10キロで原爆の製造が可能」と主張していたのだが、実際には最低でも70％の濃縮ウランが必要であった。

そして、ニ号研究のために使われた経費は、アメリカの原爆開発計画であるマンハッタン計画のおよそ５００分の１に過ぎなかった。

このあたりのことを考えてみても、当時の日本における原爆開発には、そもそも無理があったように思える。

原爆開発に反対した天皇陛下

前述の通り、日本の原爆開発は失敗に終わったが、仮に成功していたら、アメリカとの戦争に苦戦していた当時の状況を考慮すれば、軍部がこれを使用する可能性もあっただろう。

だが一方で、日本の原爆開発研究に猛反対を示す人物がいた。

それが昭和天皇である。

原爆を人類滅亡に繋がる兵器だと認識していた昭和天皇は、「人類滅亡の原因が我ら大和民族であってはならない」として、研究の中止を通告していたのだ。

従って、もしも原爆の製造が成功していたとしても、昭和天皇の意向によって、少なくとも敵国への投下だけは、避けられていたかもしれない。

日本軍の謎
vol.4

【決号作戦】
幻に終わった「本土決戦作戦」とは？

大日本帝国最後の大作戦

太平洋戦争末期、日本海軍は主要拠点を奪われ、マリアナ沖で機動艦隊を、レイテ沖では水上艦隊の大半を失った。また、特攻以外にまともな反撃手段はなく、敵が日本本土へ上陸するのも時間の問題となった。

それでも、若手将校を中心とした陸軍は「負け続けたのは海軍であって、陸軍はまだまだ戦える」と主張した。

これに対し、海軍も陸軍に負けじと決戦を視野に入れ、1945年1月20日、大本営は「帝国陸海軍作戦計画大綱」を示達した。こうして、本土決戦の準備は始まったのである。

この準備を円滑に進めるために、硫黄島、沖縄、台湾をはじめとする地域には、できるだけ粘って敵を足止めしろという命令が下された。

その後、1945年2月、アメリカ艦隊が硫黄島へ上陸すると、当初から足止めを前提とされていた守備軍は、1カ月以上もアメリカ軍を釘付けにした後に全滅。4月にはアメリカ軍が沖縄に侵攻したが、守備隊や特攻隊による捨て身の攻撃で時間を稼いだ。

こうした守備隊の奮戦のおかげもあって、大本営陸軍部は本土決戦計画を完成させることができた。計画の名は「決号作戦準備要綱」。大日本帝国最後の大作戦である。

決号作戦により、大本営を長野県の松代に移す計画が立てられた。写真は「松代大本営」の地下壕跡（©Yosemite and licensed for reuse under this Creative Commons Licence）

陸海軍一体となった防衛作戦

決号作戦における防衛目標は、千島列島から朝鮮半島までだった。

全エリアを七つに分け、それぞれを決1号から決7号として防衛作戦が立てられ、従来の本土防衛軍は廃止。東日本方面の第一総軍と西日本方面の第二総軍に再編成され、航空部隊もまとめられて航空総軍となった。

さらに、4月20日には「国土決戦教令」が制定された。これは、戦闘中はどんな理由があろうと撤退を許さないことを旨とし、傷病兵も後送させず、「すべての兵と部隊は命ある限り戦闘を続行せよ」という、まさに攻撃一辺倒の教令だった。

そんな中、海軍も陸軍に協力しながら独自の準備を進め、指揮統一と効率化のため、海軍総司令長官と海軍総隊を創設した。

また、艦艇を水上砲台として各主要港に配置し、さらに特攻機と特攻兵器の整備増産と基地建設にも力を入れ、完成した施設には約150万人が動員される予定だった。

そして大本営は、一番の激戦区になると予想された東京から、長野県の松代《まつしろ》に移すという計画が立てられた。これが、いわゆる「松代大本営」だ。

岩盤が固く飛行場があり、工場に適した地形を持った松代は臨時の大本営を作るのに一番適した土地とされ、敵軍が上陸した際には皇居も遷されることになっていたのである。

民間人も根こそぎ動員

当時、陸軍は日本本土に多数の兵力を残していると豪語していたが、実際は、大半を海外へ送り込んでいたせいで約130万人しか残っていなかった。そこで思いついた方法が、国民総兵力化である。

1945年6月に公布された「義勇兵役法」によって「国民義勇戦闘隊」が結成され、15歳以上60歳以下の男子と、17歳以上40歳以下の女子が義勇戦闘隊として招集されることとなった。加えて、規定年齢以外でも、本人が志願すれば採用されることもあった。

だが、このころは正規兵でも武装の調達に困っていた時期だ。そこで、義勇兵に支給された大半は特攻用の爆弾だった。

つまり、義勇兵は爆弾を背負って突っ込み、命と引き換えにして敵を倒すことになる。また、爆弾を持たない部隊は竹槍や猟銃、手製の弓矢に包丁といった身近なものでの武装を余儀なくされた。

敵の上陸が予想されていた九十九里浜や相模湾では爆弾特攻の訓練が日夜繰り返され、小学校ですら、授業の大半が軍事教練となっていた。さらに、疎開を許さないという命令も下され、民間人は人間の盾になる運命を課されたのである。

1945年6月、兵力増強のため国民義勇戦闘隊が結成され、女学生も銃の訓練などを行った。

発動に至らなかった作戦

これに対してアメリカ軍は、空襲や海上封鎖によって資源を枯渇させれば、日本に降伏すると考えていた。しかし、特攻や玉砕を目の当たりにした彼

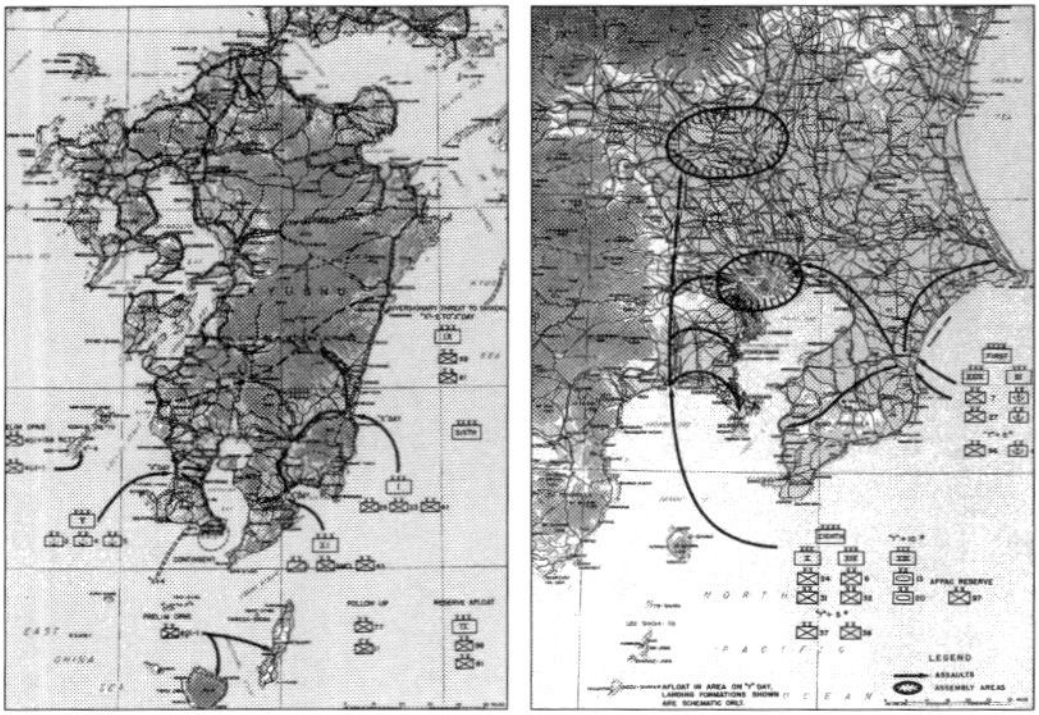

オリンピック作戦（左）とコロネット作戦（右）において、アメリカ軍が計画していた日本への上陸ルート

らは、日本を屈服させるには本土を占領するしかないと考え始めた。

そこで立てられた作戦が、日本本土侵攻作戦である「ダウンフォール作戦」だ。この作戦は、南九州を目標とした「オリンピック作戦」、そして九十九里浜と相模湾への同時上陸を狙った「コロネット作戦」という二つの作戦から成り立っていた。

その実行時期は、それぞれ1945年の11月1日と、翌年の3月1日に決定していた。投入予定兵力は、オリンピック作戦だけでも約65万人。使用艦艇は3000隻近くにもなり、航空機は最低でも2000機は下らなかったとされている。

こうしたアメリカの大兵力に対し、日本が対応し得る手段は、決号作戦を軸にした特攻と肉弾戦しか残されていなかった。

敵艦隊が現れると、まずは数千機もの特攻機で一斉に襲いかかる。それらを突破し、接近してくる艦艇には、回天を中心とする海中・海上特攻兵器があらゆる場所から忍び寄る。

そして、アメリカ軍に上陸されてしまった際には、地上で軍民一体の肉弾突撃を加えるというものだ。

しかし結局、1945年8月に日本がポツダム宣言を受諾したため、決号作戦は発動されることはなく、本土決戦も幻に終わったのである。

ちなみに、決号作戦の本来の目的は、敵に損害を与え、無条件降伏を撤回させて日本に有利な講和条約を勝ち取ることだった。

すなわち、「兵士を多く殺せば、さすがのアメリカも講和を持ちかけてくるだろう」という予想のもとで成り立っていたのである。

しかし、アメリカ兵を多数殺してしまえば、それだけアメリカ世論の怒りは高まり、さらなる強硬手段が容認され、大量破壊兵器、あるいは3発目、4発目の原爆が使用されたかもしれない。

そうなれば、日本本土は焦土と化し、多くの国民が犠牲になっていたことは想像にかたくない。

つまりこの決号作戦は、二千有余年の歴史を誇る日本国を世界地図から消滅させていた可能性さえ秘めた、非常に危険な作戦だったといえるのである。

日本軍の謎
vol.5

【ふ号作戦】「風船爆弾」は戦果を挙げたのか？

アメリカ本土爆撃作戦

1944年6月、マリアナ諸島を奪還したアメリカ軍は、サイパン島に爆撃機用の基地を造り、B29爆撃機を使って日本列島へ定期的な空襲を行った。これに対し、日本軍は戦闘機や対空砲火でB29を迎撃する一方で、アメリカ本土へ反撃する研究も進めていた。

そんな中、海軍は「富嶽《ふがく》」「連山《れんざん》」などの新型爆撃機を開発してアメリカ本土攻撃を計画したが、技術の壁を越えられずに失敗してしまう。

だが陸軍は、アメリカ本土を直接攻撃できる兵器の開発に成功。しかもその秘密兵器は、実際にアメリカ本土を爆撃しているのである。

その爆撃計画の名を「ふ号作戦」といい、作戦で用いられた秘密兵器は「ふ号兵器」と名付けられた。通称「気球爆弾」（戦後は風船爆弾）と呼ばれる兵器である。

そう、陸軍が英知を結集して製造した兵器の正体とは、「風船」だったのである。

自然現象を利用した計画

マリアナ陥落から11年前の１９３３年、すでに陸軍は、風船の軍事的利用を研究していた。もっとも、この当時は対ソ連戦を想定しており、その目的も爆撃ではなく、ビラ配布や宣伝広報として使うつもりだったという。

風船爆弾を膨らませている様子（写真引用：『風船爆弾秘話』）

ところが、予想が外れてアメリカが相手となると状況は一変。風船の使用目的はプロパガンダからアメリカ本土爆撃に変更された。

そして、神奈川県にあった陸軍登戸《のぼりと》研究所にて、秘密兵器であるふ号兵器は完成したのである。

現在でこそ「風船」と言われているが、その大きさは直径10メートルにも及び、本体は和紙を貼り合わせ、コンニャクノリで接着されていた。

下部には15キロの対人爆弾が1発。加えて5キロの焼夷弾が2発分吊るされており、これらを使っ

終戦後にＧＨＱが撮影した陸軍登戸研究所の全景（写真引用：『陸軍登戸研究所の真実』）

て、アメリカ本土を爆撃する予定だった。

ただ、無人兵器であるふ号兵器が、どうやってアメリカまで辿り着き、爆弾を落とすのか。その鍵を握るのが「偏西風」だった。

偏西風とは、その名のとおり中緯度地域を西寄りに吹く風のことで、現在でこそ世界中に知られている自然現象だが、戦時中は、日本しかその存在に気づいていなかった。

そこで陸軍は偏西風を使った爆弾投下を計画した。

水素ガスが詰め込まれたふ号兵器は、空に浮かんで偏西風の吹く高度まで上昇すると、気流に乗ってアメリカ本土まで飛んでいく。その後、気圧計に直結した自動バラスト投下装置によって高度が維持され、順調にいけばおよそ50時間でアメリカに到達するという目論見だった。

ほとんど夢物語のような作戦だが、それでも当時としては、ふ号兵器は陸軍が技術を結集してつくり上げたハイテク兵器だったのである。

軍民一丸となった生産作業

ふ号兵器の量産には、軍関係者だけでなく民間人も協力させられた。

その作業の中心となったのが女学生たちで、彼女たちは10メートルもの巨大風船を日夜作り続けた。さらに、全国の和紙やコンニャク製造会社も協力を求められ、ふ号兵器の材料は24時間体制で生産された。

その結果、最終的にふ号作戦に協力させられた民間人の数は約３万人、軍関係者を含めると約6万人にも上った。

ちなみに、そのうち６人が作業中の事故で命を落としている。また、死亡に至らずとも、生産過程でコンニャクノリを危険性の高い苛性《かせい》ソーダで強化するため、事故がつきまとった。危険な薬品も使う過酷な作業によって、女学生たちの指紋が消えてしまったという話も残されている。

こうして生産された約１万個ものふ号兵器は千葉県の作戦部隊に送られた。そして１９４４年11月３日、ふ号作戦は実施され、９３００個もの風船がアメリカ本土に向けて飛び立ったのである。

しかし、作戦の実行直後に大きな問題が発生した。ふ号兵器は無人なので、戦果が分から

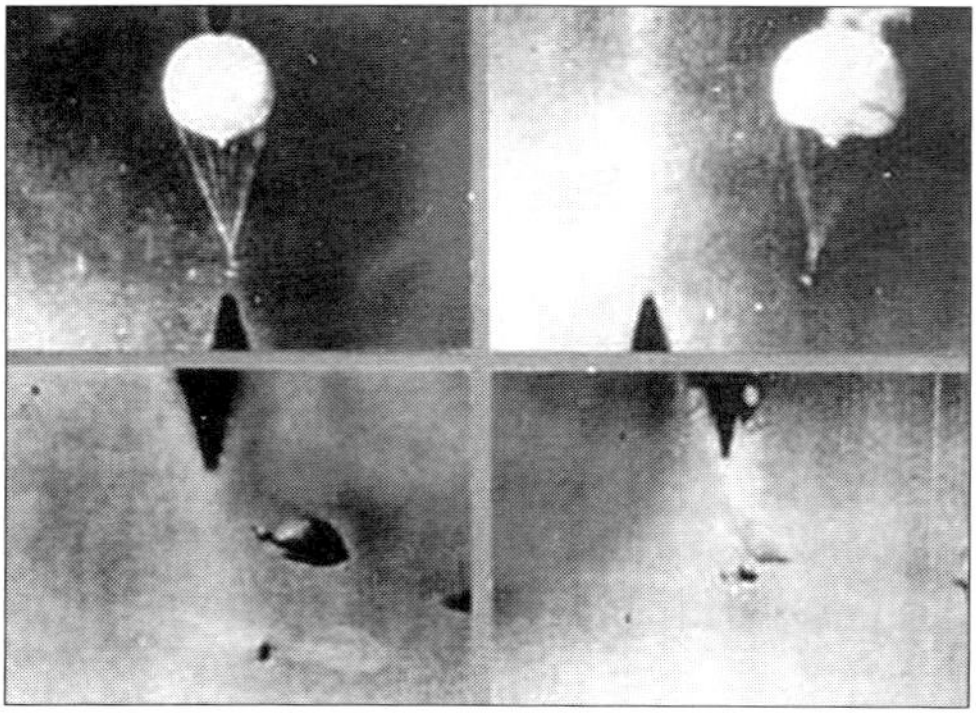
アッツ島周辺で撃墜される風船爆弾の様子

ないのである。

アメリカの報道をあてにしようにも、報道管制が敷かれていたため、ふ号兵器についての情報は一向に流れてこない。

そんな中、戦局が悪化するにつれ千葉の基地が頻繁に空襲を受けるようになり、加えて、食糧不足からコンニャクも手に入りにくくなってきた。

そして、これ以上作戦を続けても無駄だと悟った陸軍は、１９４５年の春にふ号作戦の中止を決定したのだった。

届かない爆弾

さて、気になるのはアメリカへ向かったふ号兵器の行く末だが、そのほとんどがアメリカ本土まで辿り着くことはできなかった。気流に乗り損ねたり、アメリカ以外の方向に向かったり、ガス漏れで墜落したりと、その末路は大半が散々なものだったのである。

実際、最終的にアメリカまで到達したのは、９３００個中わずか１０００個ほどといわれており、その１０００個にしても、ほとんどアメリカに被害を与えることはできなかった。

なお、唯一の戦果とされているのが、１９４５年５月５日、オレゴン州でピクニックをしていた女性教師と生徒５人が、木に引っかかっている巨大な風船に触れたとたんに起きた爆発である。むろんこの巨大な風船とはふ号兵器であり、爆発によって教師と生徒は全員が死亡している。

この他、ワシントン州にあったプルトニウム工場の送電線を破壊したという話も残されているが、こちらの真偽のほどは定かではない。また、ふ号兵器の爆発が原因とされる山火事も、冬で雪が積もっていたために燃え広がらず、すぐに消えてしまったといわれている。

結局のところ、ふ号作戦は完全な失敗に終わったのだった。

しかし、アメリカ軍はふ号兵器を必要以上に警戒していた。というのも、爆弾に化学兵器が詰め込まれていると思っていたためだ。

よって、ふ号兵器の回収時には防護服で防備を固め、ふ号兵器に対するアメリカ軍の警戒態勢は、終戦まで解かれることはなかった。

加えて、アッツ島周辺では、ふ号兵器撃墜のために戦闘機が出撃したという例もある。

それを考えれば、現在の視点からは無謀に見えるふ号作戦も、多少なりとも心理的なダメージを与えることはできたのかもしれない。

日本軍の謎 vol.6

【ガダルカナル島奪還作戦】

ガダルカナル戦の最大の敗因とは？

米軍の輸送路遮断計画

数万人もの兵力を投入して約半年間戦ったにもかかわらず、わずか3分の1の兵士しか生き残らなかった「ガダルカナル島奪還作戦」。この作戦において、日本軍の前に立ちはだかった最も大きな敵は、圧倒的な「飢餓」だった。

1942年6月上旬にミッドウェー海戦で勝利を収めたアメリカ軍は、日本軍が占領する南太平洋の諸島を攻め落とし、オーストラリアとの連携のために足場として活用した。

さらに、これらの諸島を拠点として、開戦当初に日本軍に奪われたフィリピンに攻め入るという作戦を立てていた。

一方の日本軍は、アメリカを含む連合軍の攻撃は、1943年以降になると予想していた。連合軍はドイツの打倒を優先し、当面はヨーロッパ戦線に比重を置くと考えたためだ。

そこで、日本海軍はアメリカからオーストラリアへの輸送路を断つべく、1942年7月、ソロモン諸島のガダルカナル島に飛行場の建設を開始した。

この建設に携わったのは、約2500人の設営隊と約300人の陸戦隊。陸戦隊は万一に備えた戦闘部隊であり、設営隊は普通の労働者と変わりがない。

つまりこの時点では、日本軍はガダルカナル島にアメリカ軍が攻めてくることなどないだろうと予想していたのである。

ガダルカナル島に上陸するアメリカ軍の海兵隊

アメリカを甘く見ていた陸軍

7月から建設を始めたガダルカナル島の飛行場は、8月初旬に完成した。

だが、その直後の8月7日早朝、空母3隻をはじめとする約2万人の兵力を擁するアメリカ軍が、ガダルカナル島に上陸し、瞬く間にこの飛行場を占領してしまう（ウォッチタワー作戦）。日本側の予想は大きく外れてしまったのである。

殲滅された一木部隊

これに対し、日本海軍は第八艦隊を出撃させた。

そして8月8日深夜、第八艦隊は輸送船団を護衛していたアメリカ海軍重巡洋艦4隻の撃沈に成功（第一次ソロモン海戦）。この勝利を受けて、海軍の要請を受けた陸軍が、ガダルカナル島奪還に乗り出すこととなったのである。

とはいえ、アメリカ軍がガダルカナルに上陸したという第一報を受けたとき、大本営陸軍部では、誰一人として「ガダルカナル」の名を知らなかった。同じ日本軍でありながら、これほどまでに海軍と陸軍は、情報の共有ができていなかったのだ。

そんな状況下での第一次ソロモン海戦の圧勝である。大本営陸軍部には楽観論が広がり、「どうせ大したことないだろう」と高を括ってしまった。

そして8月21日、一木《いちき》清直《きよなお》大佐率いる「一木支隊先遣隊」約９００人を島に上陸させた。このとき一木大佐は、ガダルカナルのアメリカ兵は日本側よりも多い約２０００人だと教えられていたが、このころの陸軍将校には「アメリカ軍は中国軍よりも弱い」という思い込みがあり、一木も２０００人相手なら９００人で充分だろうと甘く見ていた。

しかし、前述の通り実際のアメリカ軍の兵力は約２万人である。小銃と手榴弾を主装備とする一木支隊先遣隊は、重砲、重機関銃、戦車まで装備していたアメリカ軍の猛攻を受けて全滅。隊長の一木は、軍旗を奉焼して自決したのだった。

握られた制空海権

その後も、８月29日に川口支隊（川口清健《きよたけ》少将指揮）がガダルカナル島に上陸するも、総攻撃は失敗。

その数日前には海上で日本軍は空母３隻、アメリカ軍も同じく空母３隻を出撃させた第二次ソロモン海戦が起こり、日本はアメリカの空母「エンタープライズ」に大損害を与えたものの、自軍の空母「龍驤《りゅうじょう》」を失い、事実上の敗北を喫した。

こうして、ガダルカナル島周辺の制空権と制海権をアメリカ軍に握られるに至り、ようやく陸軍は、アメリカ軍が侮れない敵であることに気づいたのである。

そこで大本営は、ジャワ島に駐屯していた第二師団と第十七軍司令部を上陸させ、10月24日に総攻撃を仕掛けた。

ただし、この総攻撃前に日本陸海軍が行った輸送作戦において、輸送船６隻のうち３隻が

現在のガダルカナル島にたつ「一木支隊鎮魂碑」。この他にも、ガダルカナル島には複数の慰霊碑が建てられている。

撃沈されてしまっていたため、総攻撃のために上陸した兵士は、食糧などの物資がほとんど調達されないまま戦闘を強いられることとなった。

第二師団の主力隊がガダルカナル島に上陸した際、先の敗残兵がジャングルの中からよろよろと現れて物乞いを始めたというが、この敗残兵の姿が、まさか将来の自分たちの姿になろうとは、第二師団の兵士は予想もしていなかっただろう。

届かない食料

結局、第二師団の総攻撃は敵に動きを察知されて失敗に終わり、続いて第三十八師団が投入されることとなった。

このときは11隻の輸送船に兵士が分乗して島への上陸を目指したが、途中8回にもおよぶ攻撃を受け、6隻が沈没、1隻は引き返した。その結果、最終的にガダルカナル島上陸を果たしたのは、わずか２０００人ほどだった。

しかも、敵の攻撃によって多くの武器弾薬が失われ、食糧についても、なんと４日分しかなかったとされている。

その後日本側は、補給物資を積んだドラム缶を島に投下したり、潜水艦による輸送などを試みたりしたが、これらは焼け石に水に過ぎず、ことごとく失敗に終わった。

補給物資が届かずに飢えた日本兵たちは、栄養失調や感染病で次々と倒れていった。あまりの飢餓から仲間内での食料の奪い合いが起きたり、また、戦友の死肉を口にする兵士までいたという。

そんな状況の中では、さすがにこれ以上の兵力の投入を口にする軍幹部はいなくなっていた。残るは「撤退」か、「玉砕」という名目の「見殺し」かのどちらかを選択せねばならなかったが、結局、１９４２年12月31日の御前会議において撤退が決定した。

ガダルカナル島奪還作戦で、陸軍が投入した兵力は約３万６０００人だったが、そのうち約2万２０００人の命が失われた。そして、そのほとんどが餓死者か病死者だった。

ちなみに、この惨状からガ島（ガダルカナル島の略称）は、「餓島」という字が当てられていた。この島における飢餓状態が、いかに凄まじかったかを物語っている異名だといえるだろう。

日本軍の謎
vol.7

【大和海上特攻】戦艦「大和」は政治的判断で沈められた？

沖縄を巡る攻防

1945年3月、アメリカ軍は沖縄方面への侵攻を開始した。これに対し、日本海軍は戦力をかき集め、沖縄近海に迫る敵艦隊へ決死の攻撃を試みたものの、結果は惨憺たるものだった。

この戦闘を受け、大本営は3月20日に沖縄防衛作戦「天一号作戦」を下令。九州と台湾に展開した全航空隊と、さらに陸軍航空隊までもが連合艦隊の指揮下に入り、異例の態勢でアメリカ艦隊を迎撃する準備を整えた。

そして、アメリカ軍が4月1日に沖縄への上陸を決行すると、それから5日後の4月6日、日本軍の航空総攻撃は始まった。

この際、日本軍の攻撃の中心は特攻機によるものだったが、アメリカ軍の被害は軽微だった。それでも海軍は特攻を続けながら、密かにもう一つの作戦を発令する。これに従い、広島県呉の軍港から、１隻の戦艦が沖縄へ向けて出航した。
戦艦の名前は「大和」。連合艦隊の象徴として造られた、世界最強の巨大戦艦である。

1941 年時の戦艦「大和」

時代遅れの最強戦艦

１９３６年、ワシントン海軍軍縮条約が失効したこの年、世界中で熾烈な戦艦開発競争が巻き起こった。それは日本においても例外ではなく、仮想敵国となったアメリカに打ち勝つ戦力を整えるべく、新型戦艦の開発をスタートさせていた。

日本海軍は、巨大な戦艦を造ることでアメリカ艦隊を蹴散らそうと考えた。その考えのもとで戦艦「大和」が建造された。

大和の全長は約２６３メートル、満載排水量約７万２８００トン、そして46センチ砲の主砲が９門搭載されていた。この主砲は戦艦としては当時世界最大で、アメリカの戦艦の40・６センチを大きく上回っていた。

また、重要部分は410ミリの分厚い装甲で防御されており、仮に敵艦が同じ46センチ砲で攻撃したとしても耐えられるとされていた。大和完成の暁には、アメリカ軍などたやすく撃滅できると誰もが思っていたのである。

しかし、皮肉にも、日本軍による1941年の真珠湾攻撃によって戦艦の時代は幕を閉じ、代わって航空機が戦争の主役となってしまう。

こうした事情から、連合艦隊は時代遅れとなった大和を持て余してしまい、マリアナ沖やレイテ沖の海戦でもこの戦艦に活躍の場はなく、撃沈した艦船は軽空母1隻だけだった。

要するに、大和は海軍にとって、もはや無用の長物になりつつあったのである。

恐るべき「海上特攻」

そんな大和に与えられた最後の舞台こそが、沖縄戦だった。前述の沖縄防衛作戦「天一号作戦」と同時に、密かに進んでいた特攻作戦「菊水《きくすい》作戦」において、大和の出番がきたのである（ただし、大和の出撃作戦と菊水作戦は同時期ではあるが、別の作戦だったという説もある）。その概要は次の通りだ。

「大和を中心とした残存艦艇を沖縄に突撃させ、砲台となってとにかく敵艦を撃ちまくる。

すべての弾薬がなくなった後は、乗員すべてが歩兵となってアメリカ軍と戦い、玉砕する」

この概要を見るとわかるとおり、大和の出撃は「作戦」とは到底呼べないような、かなり無茶苦茶なものだった。もはや、単なる自殺強要だといっても過言ではない「海上特攻」だったのである。

アメリカ軍航空機の攻撃を受けて炎上する大和

むろん、大和を指揮する第二艦隊司令長官・伊藤整一中将は作戦の実行に猛反対した。

だが、参謀長から「１億総特攻の魁《さきがけ》となってもらいたい」などといわれた伊藤は反論は無駄だと悟り、やむなく承諾することにする。

その後、伊藤はすぐさま大和や他艦の艦長たちにこの作戦内容を告げた。当然ながら艦長たちは怒り狂ったが、伊藤の「我々は死に場所を与えられたのだ」という悲痛な一言で、ようやく腹を括る。

こうして１９４５年４月６日、大和は巡洋艦１隻と駆逐艦８隻を従え沖縄へと出撃した。

その翌日の午後12時30分、鹿児島県の坊ノ岬沖にまで到達した大和に、無数の敵機が襲いかかった。

大爆発が起きて沈没する大和

400機近くのアメリカ軍航空機が殺到して左舷のみを集中的に狙うと、大和は徐々に傾き始め、戦闘力を失っていく。そして左舷中央部に命中した魚雷により、大和は航行不能となった。

伊藤中将は退艦命令を下し、長官室へ入ると部屋の鍵をかけた。それから数分後、転覆した大和は大爆発と共に沈んだのである。

坊ノ岬沖海戦と呼ばれたこの戦いにおいて、生き残ったのはわずか駆逐艦4隻のみ。戦死者はおよそ3700名に上り、そのほとんどが大和の乗組員だった。

大和出撃の真相

さて、一般的には、沖縄戦で大和を出撃させたきっかけになったのは、昭和天皇の一言だとされている。

連日の航空特攻を聞かされていた天皇陛下が、「海軍にはもう船は残っていないのか?」と呟いたため、海軍は「船は残っています」と答え、その言葉通りに無茶を承知で大和を出撃させてしまったというものだ。

だが最近では、これとは別の説も注目されている。

太平洋戦争も沖縄戦あたりになると、軍部の上層部の面々は、もはやアメリカへの勝利は不可能と認識するようになっていた。そうなれば、今度は「どうやって勝つか」ではなく、「どうやって負けるか」が重要となってくる。

その際、大和はどうしても邪魔になる。なぜなら、大和のような強大な戦力が残っていれば、主戦派の勢いが衰えず、いつまで経っても和平工作が進められないからだ。

そのため、なんとしてでも大和を処分する必要があったのである。

さらに、海軍省の役人や官僚にとっても大和は邪魔者だった。沖縄で航空隊が苦戦しているにもかかわらず大和が健在であれば、責任問題にも発展しかねないからだ。

そんな彼らにとって、昭和天皇の一言はまさに渡りに船であり、大和出撃のための格好の口実となった。

つまり、世界最強の戦艦を誇った大和は、こうした政治的判断により、沈むべくして沈んだのである。

ちなみに、沖縄戦における菊水作戦の中心は航空特攻だったため、大和の沈没後も作戦は継続された。この作戦は菊水十号作戦まで続いたが、ついに戦局を変えることはできず、6月23日に沖縄は陥落している。

アメリカ軍の護衛空母「ホワイト・プレインズ」に特攻する零戦。しかしこの特攻は失敗し、海面に墜落してしまった。

第２章
国産兵器の性能と謎

日本軍の謎
vol.8

【剣】木製の特攻専用機があった？

次々に生まれる特攻専用兵器

開戦当初は健闘を繰り返していた日本軍だが、時が経ち、1944年にもなると、通常の攻撃ではアメリカ軍に対して戦果を挙げることが不可能になりつつあった。

そんな状況を打開すべく、実行に踏み切られた作戦が、「特別攻撃隊」による生還率ゼロの体当たり攻撃――いわゆる「特攻」だった。

初めのうちは、数少ないベテランや中堅パイロットたちが敵艦に突っ込んでいたが、敗戦ムードもより色濃くなった1945年に入ると、徴兵された10～20代の若者が特攻のメインとなった。

また、特攻の際に使用される兵器も、それまでの「零戦」や「隼」といった一般兵器の流用から、特攻用航空機や人間魚雷、果ては爆弾つきのモーターボートのような、さまざまな特攻専用兵器へとシフトしていった。

木製の特攻専用機「剣」。尾翼が木で造られている。

そんな特攻専用兵器の中でも、最悪と称されるのが「キ115」。通称、「剣《つるぎ》」である。

劣悪な操縦性

剣を開発したのは陸軍で、その名前は、山下奉文《ともゆき》陸軍大将の「われに剣を与えよ」という演説に由来するという。

そんな剣は、主翼こそ他の航空機と同じジュラルミン製だったが、物資の不足からそれ以外は安価で入手しやすい素材が使われていた。胴体はブリキで作られ、尾翼はなんと木製。つまり、機体のほとんどがブリキと木で構成されていたのである。

しかも、帰還する必要のない特攻専用機であるため、主脚は離陸後に分離するという、使い捨てのものだった。着陸する術を失った剣は、胴体下部に埋め込まれた爆弾を敵船まで運び、突撃して果てるという仕組みになっていたのである。

剣の試作機は、開発命令からわずか1カ月半後の1945年3月に完成した。そして、すぐに航空審査部からテストパイロットを派遣させ、機体のテストを行うこととなった。

ところが、飛行テストを終えたパイロットは着陸するやいなや、「こんなものを本当に実戦で使う気か！」などといい、怒りをあらわにしたという。

その理由は、あまりにも劣悪過ぎる操縦性にあった。

剣は、離陸、降下、旋回、上昇という、ありとあらゆる場面で不安定さを見せ、墜落の危険が常につきまとっていたのだ。

テストパイロットには経験豊富なベテランが選ばれたが、そんな熟練したパイロットでもまともに飛ばすことさえままならない機体を、徴集兵たちが使いこなせるわけがない。また、テストフライトに立ち会った審査員も、「こんなものを、絶対採用するわけにはいかなかった」と後に語っている。

特攻専用機ではなかった？

ただし、当時の開発者たちは「剣は断じて特攻機などではない」と語っている。彼らは、「剣は資材不足でも製造できる、簡易爆撃機だった」と主張しているのだ。

確かに、剣に搭載された爆弾は埋め込み式ではあるものの、一応投下できるようにはなっており、また、主脚が切り離せるようになっているのも、構造をできるだけ簡単にして作りやすくするためだったという。

工場が空襲を受けたことにより破壊された剣（写真引用：『中島戦闘機設計者の回想　戦闘機から「剣」へ―航空技術の闘い』）

ちなみに、爆弾を投下した後は、洋上や地面に胴体着陸させるつもりだったそうだ。

とはいえ、この主張には穴が多過ぎる。胴体着陸させるといっても、ブリキ製の剣は強度が足りない。強行すれば着陸どころか、機体がバラバラになってしまう。実際、剣を審査した高島亮一首席審査官も、胴体着陸は不可能だと語っている。

また、剣には爆弾投下用の照準器がついていない。つまり、剣で爆撃しようと思えば、目視に頼るか、あるいは思いきって体当たりする他ないのだ。

このようにテストパイロットからも審査員からも酷評された剣だったが、結局陸軍は、テストの結果を待たずに量産を開始。後に海軍も剣を採用し、「藤花《とうか》」と呼んで製造をスタートさせた。

「白菊」。この航空機は練習機であったにもかかわらず、特攻兵器として実戦に投入されることとなった。

剣は終戦までに100機ほどが生産されたが、幸運なことに、実戦投入される前に終戦を迎えている。もしも実際に使われていたとしたら、特攻する前に、事故によって大多数のパイロットが無駄死にしていたことだろう。

剣を超える狂気の産物

ここまで、脆弱な機体構造と劣悪な操縦性のせいで、「最低の特攻機」と呼ばれた剣について紹介してきたが、実は、この剣よりもさらに酷いと思えるような特攻機が、2種類存在していた。

その一つが、「竹槍」から命名された「夕号特殊攻撃機」だ。

剣でさえ、木製なのは尾翼だけだったのに対し、夕号には金属が一切使用されず、木材のみで造られていた。

さらに、エンジンの出力はたったの100馬力で、速度は最高でもわずか180キロ。ちなみに、剣は1150馬力で速度は最高約500キロである。

剣ですら相当酷いというのに、もはや夕号の開発については、狂気の域に達しているといっても過言ではないだろう。

唯一の救いは、夕号の試作品ができた直後に、戦争が終わったことくらいである。

しかし、もう一つの狂気の産物「白菊《しらぎく》」は、残念ながら特攻に使用されている。

ただし、この白菊は剣や夕号とは違い、特攻専用機ではなく、戦争中期から使用されていた練習機であった。

練習機としての白菊は優秀で、操縦以外にも、爆撃、偵察、通信、航法といったあらゆる技能を修得できる万能の機体だった。

戦局の悪化を食い止められないことに業を煮やした軍部は、この白菊に特攻機としての役目を与え、1945年の5月から実戦に投入したのである。

しかし、白菊が優秀であるといっても、あくまでも練習機であり、速度はどんなに頑張っても200キロ程度しか出なかった。そこに重い爆弾を搭載するため、特攻時には150キロしか出せなかったという。

むろん、そんな状態では大した戦果を挙げられるはずもなく、敵の攻撃によって、次々に撃墜されてしまっている。

日本軍の謎
vol.9

【九七式中戦車】

陸軍の主力戦車は小銃にも勝てなかった？

通称「チハ」

ドイツの「ティーガー重戦車」やソ連の「T34中戦車」のように、第二次大戦中には強力な戦車が多数存在した。

そして、当然ながら日本陸軍も戦車を保有していた。中でも一番有名なのが、「九七式中戦車」。通称「チハ」である。

ただし、チハが有名なのは強力だったからではなく、太平洋戦争中、最弱クラスの戦車だったからに他ならない。

1929年、陸軍初の国産戦車である「八九式軽戦車」（後に改造されて中戦車になる）が製造された。しかしその性能はさほど高くなく、1930年代に入ると、より高性能な戦車の開発が要求された。

その設計段階で、「戦車はできるだけ軽くしろ」という上層部の横槍が入ったため、13トンクラスの第一案と9トンクラスの第二案が提出された。結果、採用された第一案が後のチハとなるのである。

アメリカ陸軍兵器博物館に展示されている「九七式中戦車（通称・チハ）」。写真は、砲塔が改良された後のチハ。（©Fat yankey and licensed for reuse under this Creative Commons Licence）

陸軍の快進撃を支える

完成当初、チハは列強の戦車にもひけを取らないほどの性能を誇った。戦場を時速38キロメートルで走り、エンジンには低燃費のディーゼルエンジンを採用。まさに陸軍の技術を結集した最新戦車だったのだ。

とはいえ、一番肝心の戦車砲は、八九式の砲塔に手を加えただけの口径57ミリで、短身のため初速は遅く、火力も低かった。

さらに、軽量化の影響で装甲の厚さは約25ミリと極めて薄かった。そしてこれこそが、後述のとおりチハの致命的な弱点となってしまうのである。

１９３９年、ソ連との国境紛争であるノモンハン事件において、チハは初陣を飾った。

この戦いでは、4両のチハが戦闘に参加してソ連軍戦車と対戦。それなりの戦果を出すことができた。

続いてチハが登場したのは中国大陸。まともな戦車を持たない中国軍相手にチハは奮戦し、陸軍の緒戦の快進撃を支える存在となったのである。

軽戦車に負ける中戦車

実際、この段階でチハはアジア最強の戦車だった。しかし、戦争に米英が加わると、そのメッキはたやすく剥がれ落ちていく。

太平洋戦争が始まると、チハは南方戦線でアメリカの「M3スチュアート戦車」という強敵に遭遇する。とはいえ、M3は格下であるはずの「軽戦車」だ。ヨーロッパ戦線においては、ドイツ軍に倒されるだけの、いわば雑魚と呼んでも差し支えないような戦車だった。

にもかかわらず、チハはM3を倒すことができなかった。砲塔が弱すぎて、M3の装甲を撃ち抜けなかったためだ。

その後、1942年には長砲身47ミリ砲に改良された新砲塔を持つチハが誕生し、M3には対抗できるようになった。

ところが、すぐに「M4シャーマン中戦車」という最強の敵が、チハの前に立ちふさがることとなる。

このシャーマン戦車にしても、ヨーロッパ戦線においては弱い部類だったが、太平洋戦線に送られるとチハがあまりにも脆弱だったことから、無敵戦車に早変わりしたのである。

新型砲塔を用いてもチハはシャーマンの89ミリ装甲を破壊できなかったが、反対にシャーマン戦車の75ミリ砲は、チハを紙のように引き裂いた。

正面戦闘を諦め、奇襲などで対抗してみても、結局チハはシャーマン戦車にやられるだけ。あまりの弱さゆえ、「日本戦車を小銃で倒した」という逸話までできたほどだ。

ただし、この逸話は事実ではなく、実際は「重機関銃で至近距離から一番薄い箇所を撃ち続けたら、穴が空くことがある」程度のものだったという説が濃厚である。

「M3スチュアート戦車」。軽戦車であるこの戦車にさえ、改良前のチハは勝てなかった。（©Trekphiler and licensed for reuse under this Creative Commons Licence）

「M 26 パーシング重戦車」。ドイツ軍の重戦車に対抗すべく、アメリカ軍が大戦末期に実戦投入した戦車である。

軽量化の理由

このように、チハが弱小戦車となってしまった最大の原因は、すでに述べたように、陸軍上層部が徹底した軽量化を求めたからだ。

ただし、これには理由があった。

対米戦では、太平洋上の島々での戦いがメインになると予想され、事実、その通りになった。そうなると、必然的に部隊を輸送船で運ぶことになる。ところが、当時の日本は重い戦車を運べる輸送船を数えるほどしか持っていなかったのだ。

また、仮に運べたとしても、戦車の積み下ろしが可能な設備を備えた港は、南方にはあまりなかった。

しかも、主戦場となるのはジャングル、あるいは湿地帯であり、ヨーロッパのような乾いた台地や整備された道路なども存在しないという状況だった。

すなわち、たとえ高性能の重戦車があったとしても、そうした戦車は地面にめり込んで動けなくなり、運用することができない環境だったというわけである。

戦車対戦車戦闘の軽視

加えて、陸軍首脳陣の頭が固かったことも、チハが悲劇に見まわれた要因だと考えられる。ヨーロッパの陸上戦では、戦車対戦車の戦いがメインとなり、アメリカ陸軍も対戦車戦闘に重点を置いていた。ところが、そんな事情を知っても日本陸軍は「戦車による対戦車戦闘」をほとんど考慮せず、「戦車は歩兵支援の移動砲台」という見方を崩さなかった。

その結果が、低威力の砲塔に繋がったというわけだ。

そして結局、こうした考えを陸軍首脳陣が改めたのは、すべてが手遅れになった後のことであった。

とはいえ、仮にチハをさらに改良し、シャーマン戦車を倒せるようにしたところで、チハの弱小イメージを覆すことはおそらくできなかったであろう。

なぜなら、アメリカ軍にはシャーマン戦車よりも強力な、「M26パーシング重戦車」が控えていたからだ。

とどのつまり、「九七式中戦車」は、日本陸軍の固い頭と技術の限界の象徴と呼ぶべき存在だったといえるのである。

日本軍の謎
vol.10

【富嶽】完成に至らなかった「日本版B29」とは？

大型爆撃機の開発計画

太平洋戦争末期、〝超空の要塞〟と呼ばれたアメリカの爆撃機「B29」の無差別爆撃を受け、日本では何十万という人々が犠牲になった。

この爆撃機に対し、日本軍は新型機や高射砲で応戦。しかし、優れた護衛機を従え、高度1万メートル以上から爆撃するB29にはまるで歯が立たなかった。

こうした劣勢からは想像しにくいかもしれないが、日本軍にもアメリカ軍同様、敵国本土への攻撃が検討されていた時期があり、陸海軍は、それぞれ別の方法でアメリカへの攻撃計画を立てていた。そのうち、陸軍が採用したのが、36ページで紹介した風船爆弾による長距離爆撃「ふ号作戦」である。

一方、海軍によって発案されたのは、大型爆撃機による戦略爆撃計画だった。

海軍はこの計画を確実なものとするため、犬猿の仲であった陸軍とも手を結び、新型爆撃機の開発に臨んだ。

その爆撃機の名前は「富嶽《ふがく》」。富士山の別名がその名の由来である。

爆撃機「富嶽」を描いたイラスト（画像引用：『日本軍用機航空戦全史［第五巻］　大いなる零戦の栄光と苦闘』）

桁外れの大きさ

日本の象徴を名前に冠していることからもわかるとおり、富嶽は大日本帝国の切り札として、陸海軍の期待を一身に背負った機体だった。

初めに富嶽を発案したのは、飛行機メーカー「中島飛行機」の創始者・中島知久平《ちくへい》だった。

元海軍機関の将校だった中島は、日本とアメリカの国力差に危機感を抱いていた1人であり、「緒戦を勝ち抜いたとしても、いずれは本気を出したアメリカに日本は駆逐されるだろう」と予想していた。

そこで中島は、「敵が本腰を入れる前に、敵国本土を空爆してしまおう」と考えたのである。

こうして決意を固めた中島は、1943年4月、

「中島飛行機」の創始者で、富嶽の考案者でもある中島知久平

社内の設計者を総動員して新型空襲用爆撃機の設計に当たらせた。

「Z計画」と呼ばれたこの計画は、設計者たちの努力によって、同年の6月になんとか形になった。

設計図に描かれた爆撃機「富嶽」は、全長約45メートル、全幅約65メートルもの大きさを誇り、それまでの常識を覆すほどに巨大なものだった。

爆弾搭載量は20トンを超え、航続距離はなんと1万9000キロ以上。B29が全長約30メートル、全幅約43メートル、航続距離が6600キロであることと比べると、富嶽の強大さがよくわかる。

この計画はすぐさま海軍本部に持ち込まれ、アメリカに苦戦していた海軍は同年秋にZ計画を承認。

その後、陸軍、軍務省、技術研、空技廠《しょう》、そして中島飛行機以外の各航空機メーカーをも巻き込み、国家の総力を挙げた富嶽の開発への取り組みは始まったのである。

非現実的過ぎた計画

このように、当時日本軍が持っていた技術のすべてを結集して始められた「富嶽開発計画」だったが、その計画は、スタート直後に行き詰ってしまった。

というのも、中島飛行機の設計者たちは、アメリカ空爆のために最強の爆撃機を設計したのはよかったが、実際に製造可能かどうかをまったく考えていなかったのである。

例えば、基礎部分だけを見ても、成層圏でも耐えられる与圧装置を作れず、重爆撃機用の大馬力エンジンはどこにもなく、燃料タンクの防漏・消火設備すら製作できなかった。

さらに、レーダーもなく、自動制御の回転機銃はおろか、機体重量を支えるタイヤを満足に作ることとさえできなかった。

加えて、これらが仮にでき上がったとしても、当時の日本では、量産するための工場や人材、機材や資源も用意できなかっただろう。

つまり、富嶽を完成させられる要素など、どこにも存在しなかったのである。

こうした現実を目の当たりにして、さすがに技術者たちは設計の見直しを図ったが、ここでも問題が多発した。

その設計を巡って技術者たちの意見が食い違い、さらに、陸海軍の関係者も互いの反目

日本を爆撃する「B29」

を隠そうともしなかったため現場は大混乱に陥り、もはやZ計画は、日本の手に負えない代物となってしまったのである。

結局、その後も富嶽の開発はまったく進まず、1944年のマリアナ陥落によってB29が日本の上空を飛ぶようになると、爆撃機よりもむしろ防空戦闘機の開発のほうが優先されるようになった。

そして、富嶽の開発計画については、真っ先に中止命令が下ってしまったのである。

もしも富嶽が完成していたら

こうして頓挫してしまった富嶽の開発計画であったが、実は中島は、富嶽が完成した際の爆撃計画まで準備していた。

「必勝防空計画」と名づけられた計画書に書かれた概要は、「富嶽数十機の爆撃によってアメリカは戦意を失い、日本へ講和を申し込んでくる」というものだった。

では果たして、もしも富嶽が完成していたとすれば、中島の思惑通りに講和は進んだのだろうか。

確かに、日本から出撃した数十機の富嶽隊が、アメリカ西海岸一帯の工業地帯を爆撃するなどして、アメリカの軍事基地に壊滅的な被害を与えた可能性はある。

しかし、前記のように富嶽によるアメリカ本土の爆撃が成功した際には、アメリカは復讐心をたぎらせ、その防衛体制はかつてないほどに強化され、富嶽隊は敵機の猛攻を受けていたに違いない。

さらにそれだけでは終わらず、建国以来、本土への攻撃をほとんど受けたことのなかったアメリカは、ありったけの兵力をもって日本への反撃を行ったことが予想される。

場合によっては、ヨーロッパ戦線を一時休止し、大西洋艦隊すら投入し、ドイツにおけるベルリン戦のように、日本本土へ総攻撃を仕掛けてきた可能性さえある。

このように考えれば、中島の必勝防空計画も富嶽の設計図と同様、かなり見通しの甘いものだったと思えてならない。

ともあれ、富嶽の開発計画、そしてその爆撃計画は、共に絵に描いた餅として、幻に終わってしまったのである。

日本軍の謎
vol.11

【三八式歩兵銃】国産小銃の最大の問題とは？

明治38年生まれの小銃

明治時代に生まれ、太平洋戦争をも戦い抜いた日本陸軍の主力小銃。それが「三八《さんはち》式歩兵銃」である。

この銃が開発されたきっかけは、日露戦争直後にまで遡る。日露戦争において、日本陸軍は「三十年式歩兵銃」という国産のボルトアクション式（手動式）小銃を使用していた。

三十年式は、性能自体は一流国の小銃に匹敵したが、部品が多く、構造が複雑という欠点を持っていた。そのため、砂塵が吹き荒れる満州の気候に耐えられず、現地では故障が多発してしまったという。

そこで、銃器開発者の南部麒次郎《なんぶきじろう》が中心となってこの小銃の改造に着手した。故障の原因である構造を見直し、部品の数を減らして複雑さを解消し、防塵用カバーなどを付加して稼働率を飛躍的に向上させたのである。

こうして、三十年式の改良型である三八式は、1905年に無事完成。日露戦争には間に合わなかったものの、翌年には陸軍に制式採用されることとなった。

「三八式歩兵銃」を持って軍旗の護衛をする陸軍兵

ちなみに、「三八式」という名は、その試作型が完成した年号（明治38年）に由来しており、第一次大戦以降、この国産小銃はほとんどの戦争で活躍し続けた。その有用性から、陸軍だけでなく海軍でも採用され、さらにロシアやタイなど数カ国に輸出されている。

優秀な性能

こうして、日本軍全般で使用されることとなった三八式は、世界レベルの性能を誇った。

その全長は長く、約1・28メートル。銃身が長ければ発砲時の反動を軽減できるため、結果的には命中率の向上にも繋がることとなった。

一方、口径は6・5ミリと当時の小銃としては小さめだったが、日本人の体格には最適の大きさであり、命中率や速射性にも優れていた。

また、射程距離については、理論上ではあるものの最大約4キロ先の標的を撃ち抜けるとされていた。これらの性能は、ドイツ陸軍の「モーゼル98K型」、あるいはアメリカ陸軍の「M1930」や「M1917」などの銃とほぼ同等であり、こうした面からも、三八式は優れた小銃であったということがうかがえる。

三八式の抱える最大の問題

ただ、三八式はとにかく重かった。総重量がおよそ4キロもあったのだ。

対して、当時の日本人成人男性の平均身長・体重は、それぞれ約158センチ・約53キロ。銃が重ければ兵士の疲労も増し、長期戦には不利に働いてしまう。

実際、ドイツやアメリカの兵士が小銃を自在に操れたのは、日本人よりも体格が良かったからという理由もあるのだ。

また、三八式には部品の互換性がなく、別の小銃はおろか、違う工場で造られた三八式とも部品交換ができなかった。つまり、破損しても予備の部品で間に合わせるということはできなかったのである。

しかしながら、実は三八式が抱える最大の問題は、銃そのものにではなく、日本陸軍の体制にあったといえる。

というのも、陸軍内では古参兵から新参兵に対するイジメが横行していたのだが、このイジメの口実として利用されたのが三八式だったのだ。

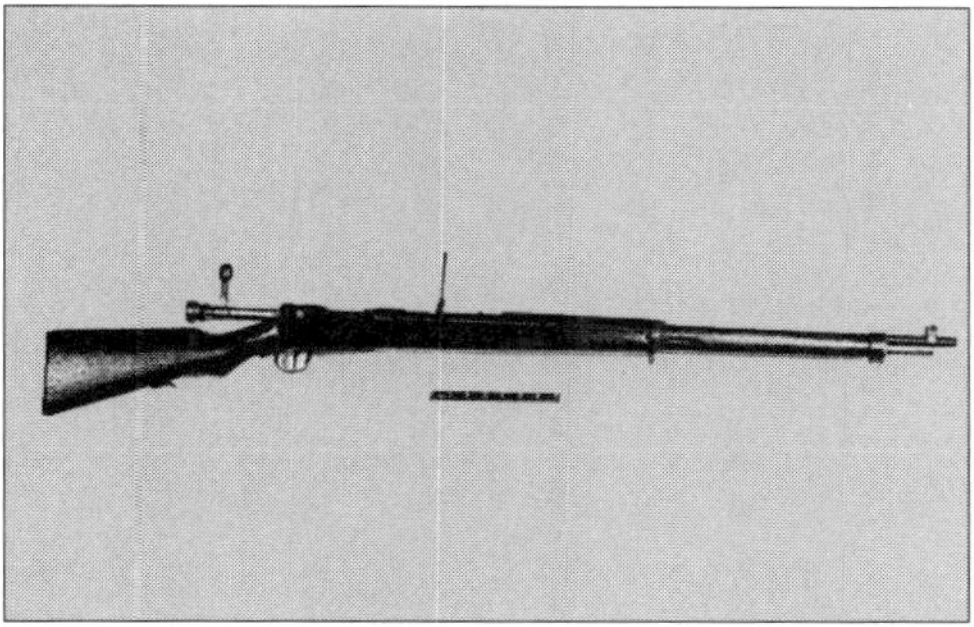
「三八式歩兵銃」。基本的には優れた小銃だったが、重すぎるなどの欠点もあった。

例えば、銃の手入れについては古参兵が検査をするのだが、どんなに些細なことでも難癖をつけて新参兵を外に連れ出し、そして銃に向かって頭を下げさせ、以下のようにいわせる。

「三八式歩兵銃殿、私はあなたの手入れを怠り申し訳ありません。どうかお許し願います」

古参兵は、銃が許してくれるまで謝り続けろと命じるのだが、もちろん銃が口をきくはずもない。しかし、新参兵がそれを指摘すれば生意気だと殴られ、許してくれたといえば銃が喋るわけがないだろうと殴られるのだ。

さらに古参兵は、銃の扱いが雑であれば殴り、銃の立て方が悪ければ殴り、古参兵の銃を傷つけでもしようものなら、新参兵が気絶するまで何発も殴り

三八式に刻印された「菊の御紋」

続けた。

そして、これら一連のイジメに加え、三八式はそれ以上に深刻な問題をも抱えていた。それが、三八式に刻印された「菊の御紋」である。

菊の御紋は「天皇陛下からの預かり物」を意味する紋章で、これが刻まれたものは、どんなことがあっても捨てることは許されなかった。

そのため、ガダルカナル戦などの敗走時には、飢餓や負傷で衰弱しきっているにもかかわらず、兵士たちは重い銃を抱え続けることを余儀なくされ、また、もし誤って銃を手放しでもしようものなら、取りに戻るために部隊ごと敵陣へ突撃することも珍しくなかったのである。

現在も使用される三八式

さて、そんな長短のある三八式が誕生してから25年以上が経った1930年代、技術の進歩に伴い、新式の銃が登場しようとしていた。このころから、各国の陸軍は引き金を引くだけで連射が可能な「自動小銃」の開発を進めるようになっていたのである。

従来の小銃は1分間に5発ほどしか撃てなかったが、自動小銃ならば30発から50発の発射が可能になった。

しかし、そんな中でも日本陸軍は、自動小銃の試作型がいくつか製作されても制式採用することはなく、ボルトアクション式小銃ばかりを使用し続けた。三八式の発展系である「九九式小銃」も、三八式同様、ボルトアクション式の歩兵銃である。

では、なぜ日本陸軍は自動小銃の仕様を拒み、旧式のボルトアクション式を使い続けたのか。その理由は、大量の弾薬を用意する資金と資源がないことと、訓練次第でなんとかなるという考えがあったからだった。ここでも、国力の限界と軍部の見通しの甘さが、最新技術の導入を邪魔したのである。

明治時代に作られた小銃でありながら、基本的には優れたその性能のおかげで、最後まで戦争の第一線で活躍した三八式。一方で、いくつか欠点に加え、前述のように日本陸軍のさまざまな暗部に関係してしまったせいで、現在も過小評価されやすい。

ちなみに、戦後、三八式はその大部分が連合軍によって廃棄されたが、何割かは外国へ流出してしまった。

そして今なお、かなりの数の三八式が使用可能な状態で現存しており、ヨーロッパやアメリカの一部では、狩猟用や競技用として使われ続けているという。

日本軍の謎
vol.12

【一式陸上攻撃機】

撃たれれば即座に爆散する航空機があった？

「陸上攻撃機」とは

昭和初期、日米開戦が確実視されていく中で、海軍はアメリカ軍に対抗すべく、日夜作戦の研究に取り組んでいた。

そんな中で考案されたのが、敵艦隊を勢力圏へおびき出し、多数の航空機と潜水艦でとにかく敵の数を減らし、充分に少なくなったところで、水上艦隊による決戦を仕掛けて残った敵を撃滅するという作戦だった。

この「漸減作戦」と呼ばれた決戦構想で、活躍を期待されたのが「陸上攻撃機（陸攻）」だ。攻撃機とは、水平爆撃と雷撃（魚雷攻撃）を主とする航空機のことで、従来の攻撃機が空母上での運用を想定した小型機だったのに対し、陸攻は陸上基地からしか出撃できない爆撃機並の大型機だった。その機体の大きさゆえ、大型爆弾や魚雷を搭載することが可能で、航続距離も小型機とは比較にならないほど長かった。

中でも、1935年に生まれた「九六式陸上攻撃機」は、日中戦争で初陣を果たし、4000キロ以上の航続距離を生かした長距離爆撃機として大活躍した。

これに気を良くした海軍は、より長大でより速く、世界にも対抗し得る高性能機の開発を三菱重工に命令した。

こうして、設計者たちは知恵と技術を結集させ、1939年9月に新型の陸攻を造り上げた。それが、「一式陸攻」こと「一式陸上攻撃機」である。

「一式陸攻」こと、「一式陸上攻撃機」

イギリス戦艦を撃沈させる

一式陸攻の長所は、なんといってもその速度と航続距離にあった。

速度を上げるべく、エンジンには1500馬力級の「火星エンジン」が採用され、胴体を空気抵抗の少ない葉巻型にして軽量化を施すという工夫もなされた。また、航続距離を伸ばすために、主翼内には燃料タンクが増設された。

一式陸攻の猛攻撃を受け、撃沈するイギリス戦艦「プリンス・オブ・ウェールズ」と「レパルス」

その結果、一式陸攻は最高速度約４３０キロ、そして最大航続距離約６０００キロという数値を叩き出した。

これは、大戦初期の大型機としては破格の数値であり、特に航続距離の長さは世界最高クラスだった。むろん海軍も、この一式陸攻は敵国に充分通用するだろうと太鼓判を押し、太平洋戦争では、各地の航空隊に配備されることになる。

そんな一式陸攻が挙げた最大の戦果といえば、イギリス戦艦「プリンス・オブ・ウェールズ」と「レパルス」を撃沈させたことだろう。

太平洋戦争開戦当初、日本海軍は南方方面作戦も押し進めていた。この作戦は必要資源を確保するために必須の作戦だったが、その最大の障害とされたのが、戦艦2隻を有するイギリス艦隊だった。

日本の艦隊は数こそ負けてはいなかったものの、その大半が巡洋艦と駆逐艦で、戦艦は格下のものしか有していなかった。

そこで艦隊司令官の小沢治三郎《じさぶろう》中将は、陸攻部隊による艦隊攻撃を行うことを決意。そして、仏印（フランス領インドシナ）の基地から飛び立った一式陸攻は小沢中将の期待に見事に応え、プリンス・オブ・ウェールズとレパルスを海の藻屑へと変えたのである。

戦闘行動中の戦艦が航空機に沈められるという、この前代未聞の事件に世界は驚愕した。後に「マレー沖海戦」と呼ばれるこの戦いにより、戦艦最強論は過去のものとなり、以後は航空機が戦争の主役となっていく。

しかし、これは結局、一式陸攻の最初にして最後の大戦果となった。

欠点が明るみに出る

一式陸攻は数々の優れた長所を持つ陸攻だったが、実は、それらを帳消しにしてしまうほどの欠点も持っていた。その原因となったのが、「インテグラルタンク」だ。

これは、航空機の主翼や胴体内の構造をそのまま燃料タンクとして利用する形式であり、燃料を多く積み込めるため、必然的に航続距離も長くなるという利点がある。

ただ、主翼そのものも燃料タンクにしてしまうので、当然ながら頑丈な防弾装備が必要となるが、軽量化を進めたせいで、その装備は不十分だった。

つまり、一式陸攻は「零戦」（92ページ参照）と同様、攻撃力を高めるために防御を捨て去ってしまったのだ。こうした防御軽視の影響が出始めたのは、ガダルカナル戦以降だった。

一式陸攻から切り離される特攻兵器「桜花」

それまでは敵戦闘機の妨害はなく、あったとしても零戦の援護によって一式陸攻の欠点が表に出ることはなかった。ところが、零戦優位が崩れ始めたガダルカナルでは、敵からの攻撃を受ける機会が多くなってしまったのだ。

燃料を満載した一式陸攻の脆い翼は、たった一発撃たれるだけで燃え上がり、被弾後即爆散ということさえ珍しくなかった。

そのあまりの脆さから一式陸攻につけられたあだ名が「ワンショットライター」。一撃でライターのように燃え上がる一式陸攻は、ガダルカナル戦が終わるころには完全に時代遅れとなってしまったのだった。

「桜花」を積んだ一式陸攻

１９４５年、沖縄への敵軍来襲を知った海軍は、残った戦力を総動員して敵艦隊の迎撃に当たった。その際、旧式機である一式陸攻もまた、新兵器を携え沖縄へ出撃することとなった。

その新兵器の名は「桜花《おうか》」。日本がはじめて開発した、誘導式の特攻兵器である。

だが、誘導式の特攻兵器といっても、桜花を敵へと導くのはレーダーではなく、生きた人間だった。つまり、一式陸攻のパイロットは桜花と共に爆死する運命にあったのである。

桜花を搭載した陸攻部隊は、同年3月21日に、陸攻の名人と呼ばれた野中五郎少佐率いる「神雷特別攻撃隊」として出撃した。

しかし、いくら名人でも、脆弱な一式陸攻で多数の艦隊に立ち向かうことは困難を極めた。しかも、桜花を搭載したことにより、一式陸攻の速度は100キロ近く落ちてしまっていた。こんな状態では、当然ながら敵の戦艦に辿り着くことはできず、神雷特別攻撃隊はことごとく敵機に撃ち落とされた。

結果、桜花は敵艦を倒すことなく母機ごと沖縄の海に四散。そして18機の一式陸攻は全滅し、野中少佐も帰らぬ人となったのである。

なお、その後も日本軍による桜花での攻撃は続いたが、撃沈したのは駆逐艦1隻のみというあまりにも寂しい結果に終わってしまう。

こうして作戦を終えた一式陸攻は、後継機である「銀河」に後を託すと、自身は輸送機として、終戦までの日々を過ごすこととなったのである。

日本軍の謎
vol.13

【大鳳】不運過ぎた当時最新鋭の空母とは？

高まる空母の重要性

戦前、「空母」（航空母艦）は海戦の脇役と考えられ、どの国もあまり重要視していなかった。ところが太平洋戦争において、日本海軍は「赤城」や「加賀」を中心とした6隻の空母からなる機動部隊を編成し、真珠湾奇襲の成功を皮切りに、太平洋中で暴れまわった。

このように、それまでの常識を覆した日本の機動部隊は、1942年の前半までは、まさに向かうところ敵なしの状態だったのである。

しかし、アメリカ軍が空母に力を入れ始めると、状況は一変してしまう。

1942年5月、日米初の空母決戦である珊瑚海海戦が勃発した。このとき、日本側は敵空母を1隻沈めたものの、自らも軽空母「祥鳳《しょうほう》」を失ってしまい、痛み分けに終わっている。

そして、それからおよそ1カ月後のミッドウェー海戦では、アメリカ軍空母「ヨークタウン」を撃沈するも、日本軍は空母4隻を失い、戦局は徐々にアメリカ有利へと傾いていった。

しかし、ミッドウェーでの敗北を教訓とした日本海軍は、戦局を挽回すべく新たに一隻の空母を太平洋に送り出した。

その名も「大鳳《たいほう》」。海軍が総力を結集して生み出した、当時最新鋭の空母だ。

だが、「不沈空母」と呼ばれ、海軍の期待を一身に背負っていながらも、大鳳は後に日本空母の落日を告げる「不運空母」になってしまうこととなる。

空母「大鳳」（写真引用：『図説 太平洋戦争 16 の大決戦』）

完璧な防御力

大鳳は、1939年の「第四次海軍軍備充実計画」（マル4計画）で建造が計画された。最大の特徴は、飛行甲板に分厚い装甲が施されたことだ。

ミッドウェー海戦では、敵艦爆撃によって投下された爆弾が空母の飛行甲板を突き破り、中から破壊されてしまったことが敗因の一つだった。そこで海軍は、甲板を装甲で強化することによって、その弱点を克服しようと考えたのである。

こうした努力の積み重ねによって、１９４４年３月、ついに大鳳は竣工した。

全長約２６０メートルという大型空母で、16万馬力の動力機関により最大33・３ノットという高速性能を実現。そして注目された飛行甲板は、20ミリの特殊装甲をさらに75ミリの装甲で覆うという重装甲で、その防御力は戦艦に匹敵する強さだった。

ただし、防御力を優先するあまりに格納庫を小さくしたため航空機の搭載量は減り、赤城の半分程度である52機しか搭載できなかった。

また、当初から攻撃力不足が心配されていたが、これについては爆弾や燃料を大量に詰め込むという対策を採った。

マリアナ沖海戦において、撃墜される日本の攻撃隊

そんな大鳳の初陣となったのが、１９４４年６月のマリアナ沖海戦である。

大量の爆弾が仇となる

日米海戦の天王山とも呼ぶべきマリアナ沖海戦において、大鳳は機動部隊の旗艦として戦場に赴いた。

アメリカ軍の進攻目標であるマリアナ諸島は日本の絶対国防圏であり、日本にとってこの戦いは、絶対に負けられないものだった。

しかし、このときの日本の戦力は大鳳を含めた空母9隻、戦艦5隻、巡洋艦13隻、駆逐艦29隻。対するアメリカ軍は、空母15隻、戦艦7隻、巡洋艦20隻、駆逐艦69隻。両者の間には大きな戦力差があったのである。

そんなマリアナ沖海戦において大きな不幸の幕が上がったのは、大鳳から攻撃隊が発進した直後のことだった。

他の空母から発進した攻撃隊がほぼ全滅したことを受け、日本側は、小沢治三郎《じさぶろう》中将の指揮下にあった大鳳と、他2隻から攻撃隊を送り出した。

そして、最後の機体が飛び立った直後、轟音と共に大鳳が大きく揺らいだ。敵潜水艦から発射された魚雷が命中したためだ。

だが、この時点では大した被害はなく、むしろ「魚雷など恐くない！」と艦内の士気は高まっていたという。

一方、アメリカ艦隊へ向かって飛び立った航空機は次々に撃墜された。少数の機体はなんとか無事に大鳳まで戻ったが、機体が着艦したときに、突然、大鳳が大爆発を起こした。

「信濃」（上）と「雲龍」（下）。両空母共に、アメリカ軍に撃沈されている。

外見上こそ大した損傷を負っていなかった大鳳だが、命中した敵魚雷の衝撃によってガソリンタンクの隔壁が緩み、燃料が漏れ出してしまっていたのである。

気化したガソリンが徐々に艦内へ充満すれば、何が原因で爆発するか分からない危険な状況になる。そこに航空機が着艦し、衝撃で火花が散って大爆発してしまったというわけだ。

加えて、すでに述べたとおり、大鳳には爆弾や燃料が大量に積み込まれていた。結果的にはこれが仇となり、爆発はさらに激しさを増し、「不沈空母」であるはずの大鳳はあまりにもあっけなく沈没してしまったのだった。

こうして、大鳳はなんの活躍もできぬまま、海の藻屑となったのである。

空母に降りかかる不幸の連鎖

しかし、不幸はこれで終わらなかった。

大鳳が沈んでからおよそ5カ月近くが経った11月、空母「信濃」が横須賀を出航した。信濃は大和型戦艦の3番艦として建造されたが、ミッドウェーの敗戦における損害を埋めるために改造され、完成後は超大型空母として運用される予定だった。

度重なる用途変更と物資の不足で工事が遅れに遅れ、工員以外に一般人まで動員してようやく進水した信濃は、最後の仕上げをすべく横須賀から呉に向かった。

しかし、同月29日、その途上に突然現れたアメリカ潜水艦から、4発の魚雷攻撃を受けてしまう。こうして、内装が未完成だったため浸水を止められなかった信濃は潮岬《しおのみさき》沖に沈み、乗組員約1300名が犠牲となる。

さらに、信濃の悲劇から約20日後の12月19日にも、新型空母「雲龍」がフィリピンへの輸送途中に敵潜水艦に襲われ撃沈された。このときは、艦内に搭載されていた人間爆弾「桜花」の誘爆により、約3000名の乗組員と、陸軍滑空歩兵連隊のほとんどが死亡してしまっている。

ちなみに、これらの空母もまた、大鳳と同様海軍が大きな期待を寄せていた最新鋭空母だった。

そしてこれ以降、日本で新型空母が建造されることはなく、大鳳から始まった不幸の連鎖は、日本の敗戦という形で幕を下ろしたのだった。

日本軍の謎
vol.14

【零式艦上戦闘機】超有名戦闘機「零戦」の実力とは？

華々しいデビュー戦

日本軍最強の戦闘機といわれる「零式《れいしき》艦上戦闘機」、通称「零戦《ゼロ》」。

その誕生のきっかけは1937年、日中戦争で華々しい活躍を続ける「九六式艦上戦闘機」（九六艦戦）に気を良くした海軍が、開発者たちにさらなる高性能機の開発を命令したことだった。

零戦開発の中心となったのは、設計者の堀越二郎である。堀越は九六艦戦の設計も手がけた技術者で、1939年3月、「十二試艦上戦闘機」を完成させた。

そして、この機体をさまざまに改良した末、1940年7月に、零式艦上戦闘機として海軍に制式採用されたのである。

海軍の主力機となった零戦の活躍は、凄まじいの一言に尽きた。9月の初陣にて、13機で27機の中国軍機を全機撃墜しながら、味方の損失は皆無という大戦果をいきなり挙げたのだ。

その後、太平洋戦争が始まっても零戦の優位は変わらなかった。最高時速533キロ、航続距離2222キロ。そして20ミリ大型機銃と7・7ミリ小型機銃を2挺ずつ装備し、世界最高クラスの運動性を兼ね備えた零戦の前では、アメリカ軍の主力機だった「F4Fワイルドキャット」でさえ、なす術もなく撃ち落された。

空母「赤城」から離陸する零戦（二一型）

アメリカ軍のパイロットたちは、零戦を「ゼロファイター」と呼び、恐れおののいたという。

徹底した軽量化

そんな零戦の強さの秘訣は、徹底した軽量化にあった。海軍は、九六艦戦を大きく上回る速度と航続距離、重武装を要求しながらも、九六艦戦並の運動性と操縦性も維持せよという非常に厳しい指示を堀越に出していた。

しかし、速度と武装を重視すれば機体の重量が増し、舵の利きが悪くなって運動性も損なわれてしま

零戦設計チーム。最前列の右から４人目が堀越二郎（写真引用：『技術者たちの敗戦』）

う。これがアメリカであれば、高出力エンジンでカバーするのかもしれないが、残念ながら日本には、1000馬力程度のエンジンしか存在しなかった。

堀越は何度も要求の見直しを求めたが、どうしても軍は主張を曲げない。そこで堀越が採った方法こそが、「軽量化」だったのである。

零戦には、機体の至るところに「バカ穴」と呼ばれる肉抜き穴が開けられた。また、材料のジュラルミンには薄めのものが使用され、他の航空機では当たり前に見られたコックピットの防弾板さえ取り外されていた。

これらはむろん、少しでも機体を軽くするための苦肉の策である。それと同時に、航続距離をのばすため、主翼内に予備燃料タンクが増設されることとなった。

こうした設計者の工夫によって、海軍の要求を実現させた、世界レベルの戦闘機が見事に完成したのである。

しかし一方で、これらの工夫は、零戦に弱点も作り出してしまうことになる。

まず、軽量化によって機体は脆くなり、一発の攻撃が致命傷になってしまう。加えて、予備燃料タンクが増設された主翼は、敵の攻撃を最も受けやすい部位なのである。

つまり、低性能のエンジンで一流機並みの攻撃力と機動性を得るために、零戦は「防御」を完全に捨て去ってしまったのである。

常勝神話の崩壊

開発当初は無敵を誇った零戦だったが、ミッドウェーでの敗戦を境に苦戦することが多くなってしまう。

「格闘戦」（戦闘機同士が互いに機関銃などの射界に相手を捉えながら戦うこと）では不利と見たアメリカ軍が、戦術を「単機格闘戦法」（一対一の格闘戦）から、2機1組の急降下による「一撃離脱戦法」に切り換えたためだ。

この一撃離脱戦法により、零戦のお家芸である格闘戦はアメリカ軍に通用しなくなってしまった。

それでも、零戦部隊は一撃離脱を採用せずに格闘戦に固執した。いや、固執せざるを得なかったのだ。

アメリカ軍が行うように急降下をすれば、機体に莫大な負荷がかかってしまい、装甲の脆い零戦ではそのまま破損、下手をすれば空中分解もあり得る。事実、採用前のテスト飛行では、急降下の最中に空中分解を起こしてパイロットが殉職している。

その後、2000馬力級のエンジンを搭載したF4Fの後継機「F6Fヘルキャット」が現れると、日本軍の不利は決定的となり、零戦は対F4F戦以上の苦戦を強いられることとなった。

そして、マリアナ沖海戦の「マリアナの七面鳥撃ち」と呼ばれるあまりにも一方的な戦いで、日本は多くのパイロットを損失。大空の覇者だった零戦は、時代遅れの戦闘機に成り下がってしまう。

アメリカ海軍の戦艦「ミズーリ」に特攻する零戦

そんなマリアナにおける敗戦から、およそ4カ月後、零戦に与えられた最後の役目が「特攻」だった。

主力機だったために数を揃えやすく、新米でも操縦が容易なことから、零戦は特攻機に最適だったのである。ただし、低馬力で装甲が脆い零戦に250キロ爆弾を固縛したせいで、よたよたとふらつきながら飛行することになり、敵機にとっては格好の的でしかなかった。

こうして結局、零戦は過去の栄光を取り戻すことなく、特攻機として悲惨な末路を遂げることとなったのである。

後継機が出ないという不幸

そんな零戦の悲劇の原因は、優れた後継機が現れなかったことだとされる。

零戦の後継機はいくつか開発が進められていたものの、すべてがなんらかの理由で中止されたか、あるいは終戦までに間に合わせることができなかった。

そのため、海軍は時代遅れとなっても零戦で戦い続ける他なかったのである。

零戦そのものの改造も何度も試みられたが、最高速度は「二一型」（初期型）の533キロから大きく向上することはなかった。その理由は、初期型の開発の時点でかなり無理をしていた分、その後の改良に手を加える余地がなかったためである。

確かに零戦は、日本の技術の総力を結集して造られた名機だった。とはいえ「総力を結集」してしまった結果、それ以上の発展が望めぬ、完成された戦闘機となってしまったのかもしれない。

1936年2月26日、反乱軍が決起した直後の半蔵門の様子。この事件は、後に「二・二六事件」と名づけられた。

第3章
日本軍にまつわる事件

日本軍の謎
vol.15

【柳条湖事件・満州事変】日本が国際的孤立を深めた事件とは？

陸軍による満州制圧計画

19世紀後半、アジア諸国の大半は欧米諸国の植民地と化しており、幕末の日本にもまた、外国の脅威が迫っていた。

だが、明治維新によって近代国家の道を歩み始めた日本は、富国強兵策で国力を増大させて日清戦争と日露戦争に勝利し、朝鮮半島や台湾を植民地にして、列強国の仲間入りを果たした。

そんな日本が次に目をつけたのが、中国の東北部にあたる満州だった。

昭和初期の世界恐慌で多大な影響を受けた日本は、記録的な不況により、国内情勢が悪化の一途を辿っていた。そのため、肥沃な満州を我が物とし、豊富な資源を手に入れることで事態を打破しようと考えたのである。

この計画は陸軍によって発案され、「関東軍」が満州における活動の中心を担った。そしてこの満州制圧計画こそが、後に日本の国際的な孤立を深める発端となるのである。

張作霖爆殺事件

もともと関東軍は、対ソ戦を想定して陸軍が組織した軍団だった。

柳条湖事件における爆発直後の現場

「関東」とは、ロシアが遼東《りょうとう》半島（中国東北部に位置する半島）の先端部に用いた呼称であり、日露戦争の勝利で同地を手に入れた日本は、この呼び名をそのまま踏襲することにしたのである。

満州の制圧に関して、関東軍は当初、中国の軍閥を利用した間接支配を計画していた。

当時の中国は、清王朝の崩壊によって多くの軍閥がしのぎを削る時代に突入しており、その中で関東軍は、満州の軍閥を率いる張作霖《ちょうさくりん》に目をつけ、彼に支援を行うことで利権を得ようと考えたのである。

結果、張は関東軍の後押しもあり、北京の掌握に成功。だが、ここで関東軍に誤算が生じる。張が関東軍の思惑通りに動かなかったのだ。

張作霖が爆殺された現場の様子

張は、勢力を拡大する蔣介石《しょうかいせき》に対抗すべく独自に「安国軍」を編成し、また、満州の完全支配のために鉄道網の建設も計画していた。そして、最終的には日本と手を切り、自らの力で満州と中国を統一するつもりだったのである。

これに関東軍は激怒し、満州に引き揚げるよう、張に命じた。この命令に従って張は満州を目指したが、その道中で悲劇が起きる。

１９２８年６月、彼の乗った列車が、奉天《ほうてん》付近で突如爆発。これによって張作霖は重傷を負い、数時間後に死亡してしまったのである。

犯人は、河本《こうもと》大作高級参謀をはじめとする、関東軍の強硬勢力だった。彼らは、言うことを聞かない張作霖を謀殺した後、隙を突いて満州を一気に制圧しようと考えたのである。

だが、そんな関東軍の謀略に勘づいた張の側近たちは、張が死んだという事実を何週間も隠し通した。

その結果、関東軍は出兵のタイミングを逃してしまい、満州制圧計画は失敗に終わってしまう。さらに満州では、張作霖の息子・張学良《がくりょう》の指揮のもと、抗日運動の嵐が吹き荒れることとなった。

再び動いた関東軍

こうして、満州の制圧に失敗してしまった関東軍のもとに、１人の男がやってきた。陸軍参謀・石原莞爾《いしわらかんじ》中佐である。

石原は先見性に優れた参謀であり、将来起こり得る大国との戦争に勝ち抜くためには、満州を制圧して資源を手に入れる必要があると考えていた。

この時期、満州での抗日運動は激しさを増しており、一方で関東軍の面々も、そんな満州の中国人たちに対して大いに不満を抱いていた。

そんな中で起きた二つの事件によって、関東軍の反中感情は決定的なものとなってしまう。その事件が、朝鮮人農民と中国人農民の衝突を日本人警察が鎮圧した「万宝山《まんぽうざん》事件」と、大《だい》興安嶺《こうあんれい》を密偵していた中村震太郎大尉が中国軍に殺害された「中村大尉殺害事件」だ。

これら二つの事件により、関東軍の反中感情は頂点に達した。そして、これを好機とみた石原、および彼が着任した翌年に満州に着任していた板垣征四郎大佐は、満州制圧計画を実行に移すことにしたのである。

1931年9月、奉天郊外の柳条湖《りゅうじょうこ》に敷かれた南満州鉄道の線路上で、小規模の爆発が起こる。

関東軍はこの爆発を、張学良らが属す東北軍の仕業と断定したが、実際には、関東軍による工作だった。つまり、自作自演である。

その後関東軍は、満州各地の駐屯部隊に攻撃命令を発した。後に「柳条湖事件」、そして「満州事変」と呼ばれる事件の幕開けである。

満州国の皇帝・愛新覚羅溥儀。中国の「ラスト・エンペラー」として有名である。

認められなかった満州国

そんな関東軍に対し、張学良は大した抵抗もできずに、満州から撤退してしまった。そして1932年2月、関東軍はついに悲願だった満州制圧を成し遂げたのである。

こうして手に入れた満州について、当初は直接統治を計画していた関東軍だったが、これは各方面からの批判によって断念し、代わりに傀儡《かいらい》国家の樹立という手段がとられた。

そして、国家のトップとして清王朝最後の皇帝・愛新覚羅溥儀《あいしんかくらふぎ》が選ばれ、1932年3月1日、「満州国」は建国の日を迎えたのである。

ただし、先に述べたとおり、満州国は日本の傀儡国家であり、軍隊、警察、鉄道をはじめとする主要機関はすべて日本が支配し、政府の要人ですら、関東軍の承認がなければ活動できなかった。見た目は独立国家だが、実際は単なる植民地と変わらなかったのである。

当然ながら他国はそんな国家を認めず、国際連盟は、イギリス人のリットン伯爵を中心とした「リットン調査団」を満州に派遣し、満州国の実情調査に乗り出した。

その結果、満州における日本軍の行為は侵略行為であり、満州国の建国は非合法的なものであるという報告がなされる。

こうした報告を受け、国連は満州国について審議を行い、1933年2月、調査団の報告書は連盟総会によって可決された。つまり満州国は、世界にその存在を否定されたのである。

一方、日本はその正当性を訴え続けたが、主張は聞き入れられず、国連における約1時間半もの演説の後、首相から全権を一任されていた松岡洋右《ようすけ》は、日本の国連脱退を表明した。

これにより、日本の国際社会からの孤立は決定的となり、そして結果的に、後の太平洋戦争へと繋がる第一歩となったのである。

日本軍の謎
vol.16

【バターン死の行進】1万人以上の敵軍捕虜が死亡した事件とは？

想定外の数の捕虜

「リメンバー・パールハーバー（真珠湾を忘れるな）」

これは、国民の戦意を高揚させるためにアメリカで掲げられた、有名な対日戦のスローガンである。そして、これと同様に、反日感情を煽る言葉が存在した。

「デスマーチ・オブ・バターン」

「バターン死の行進」である。

この「死の行進」は、アメリカにおいて、日本軍の捕虜に対する劣悪な扱いの具体例とされた。そして、その責任者が罪を問われて死刑に処せられる事態にまで発展するのである。

１９４１年12月に始まったフィリピン攻略戦で、日本軍は苦戦を強いられながらもルソン島の米比軍（極東アメリカ軍・フィリピン国防軍。当時、フィリピンはアメリカの植民地だった）を追撃した。これにより、米比軍はマニラを明け渡し、マニラ湾の西に突き出た「バター

「バターン死の行進」時における捕虜たちの様子

ン半島」へと退却することとなった。
バターン半島はほとんどがジャングルに覆われており、その攻略は困難を極めたが、1942年4月に日本軍は勝利を収め、資源輸送の安全が確保されることとなる。
しかし、フィリピンを占拠した日本軍にとって、思いがけない事態が起こった。それは、膨大な数の捕虜が存在していたことだ。

米比軍が白旗を揚げた後、ジャングルから出てきた将兵は約7万人。逃げ込んでいた一般住民を含めると約10万人にも上った。

これを見て、日本軍側は大いに驚いた。「生きて虜囚の辱めを受けず」という教えを叩き込まれていた日本軍からすれば、「捕虜になって恥をかくらいなら、死んだほうがましだ」という考えが常識になっていたためだ。

「これだけの兵士がいるなら、まだまだ戦えただろうに」

続々と姿を現す敵兵の姿を見た日本人将兵の多くは、おそらくそう思ったことであろう。

長距離の徒歩移動

これら膨大な数の捕虜たちは、日本軍によって、バターン半島の付け根にあるサンフェルナンドまで連行されることになった。

大半の捕虜の移動手段は徒歩で、その距離は部隊によって違ったが、最短で60キロ、最長120キロという長い行程だった。

トラックに捕虜全員を乗せて輸送するという手も考えられたが、そのほとんどが修理中、もしくは軍の物資輸送に割り当てられていたため、捕虜全員を運ぶためには圧倒的に数が足りなかったのである。

こうして、4日をかけた徒歩での行軍が始まったのだが、炎天下の中、満足な食事も与えられず、加えて、長期にわたる戦闘で過労状態にあった捕虜たちは、次々に命を落としていった。捕虜の中にはマラリアにかかっていた者も多く、死者の数は約1万人から1万7000人にも上ったとする説もあるほどだ。

そんな惨状を知った司令官の本間《ほんま》雅晴《まさはる》中将は、できる限りの措置を行うよう命じた。

しかし、日本軍が当初予想していた捕虜の数は2万5000人であり、それをはるかに上回る人数に、食料を分配する余裕はなかった。そもそも、連行する日本軍の側も食糧は乏しかったのだ。

よって、押収したコンデンスミルクで作ったおかゆを配給したり、あるいは、暑さを避けるため、昼間は休息して早朝と夕方だけ行進するなどといった、苦肉の策が講じられることとなったのである。

ところで、このときの行軍は、最長１２０キロとはいえ、４日間なので１日に30キロ歩けば目的地に着く。大人の足であれば、どうしても歩けないという距離ではない。

問題は環境にあった。米比軍の捕虜にばかり犠牲者が集中したのは、彼らがトラック輸送に慣れていたこと、そして、マラリアなどの感染病が大きな原因だとする説がある。

「バターン死の行進」について言及したアメリカのプロパガンダポスター

つまり、捕虜たちが死んでいったのは、炎天下の中、慣れない環境で行軍をしたことも影響しており、日本軍にとっても予想外の出来事だったのである。

混乱する部隊

とはいえ、日本軍による虐待がまったくなかったというわけではなかった。

実は、「死の行進」が始まった4月9日、引率する部隊に「捕虜殺害命令」が告げられ、これを受け、命令通りに捕虜を殺害する部隊も存在した。

また、個人的な感情から捕虜に暴行を加え、死に至らしめた例もあるといわれている。

その一方で、「そんな命令は連隊長に取り次げない」と拒否した藤田相吉大尉や、「そういう命令は文書でいただきたい」と断った今井武夫大佐など、現場では無視を決め込んだり、捕虜を解放した部隊もあり、さらに、本間司令官には、これらの事情が伝わっていなかった。

「バターン死の行進」における罪を問われ、銃殺刑に処された本間雅晴司令官

いずれにせよ、前例のない莫大な数の捕虜の連行というプロジェクトを遂行するにおいて、日本軍が混乱を極めたことだけは、間違いなさそうである。

銃殺刑に処された司令官

この「死の行進」は、隙を見て逃げ出し、オーストラリアに辿り着いたアメリカ兵3人によって、アメリカ極東陸軍司令官だったダグラス・マッカーサーに報告されることとなった。

その後、この事件は全米に公表され、「デスマーチ・オブ・バターン」のスローガンが完成したのである。

終戦後、マニラの軍事法廷で、本間司令官は１２００人のアメリカ人と1万６０００人のフィリピン人を残虐行為で死亡させたとして、銃殺刑に処せられた。

しかしながら、本間自身は軍事法廷に召喚されたとき、事情がまったく飲み込めなかったという。

本間自身は人柄のよさで周囲から尊敬されており、証人として出廷した本間夫人も「娘が結婚するときには、本間のような人に嫁がせたい」と発言していたが、結局それは受け入れられず、司令官として責任をとらされることになった。

ちなみに、この事件については、２００８年12月と２００９年2月に、当時の駐米大使が、行進の生存者で作られた団体「全米バターン・コレヒドール防衛兵の会」に対し、日本政府の代表として公式謝罪。また、２０１０年9月には、岡田克也外務大臣（当時）が、元捕虜と面会して謝罪を行っている。

日本軍の謎
vol.17

【ハル・ノート】日米開戦を決定づけた一通の文書とは?

強まる欧米諸国の反発

1930年代後半、日本とアメリカの開戦の可能性が高まっていく中で、日本の外交官は最後まで、対話による戦争回避を目指していた。

しかし、アメリカが日本に突きつけたとある文書が、平和的解決の道を断ち切り、日本に全面戦争を決意させることになる。

その文書こそが「ハル・ノート」と呼ばれる外交文書だ。アメリカから日本へ提示された、事実上の最後通牒である。

ハル・ノートが提示される数年前、ドイツと呼応してファシズム路線に向かう日本に対し、当然のごとく世界の国々は反発していた。だが、日本はこうした反応を無視するかのように、1940年に日独伊三国軍事同盟を締結すると、仏印へと軍を進める。

これら一連の日本の行動を受けて、枢軸国以外の欧米諸国は、さらに反発を強めたが、このころの日本はファシズム諸国の快進撃とインドシナ方面の勝利に浮かれており、「米英には絶対負けない」という根拠のない自信を持っていた。

従って、欧米諸国の反発も、日本の反米感情を高めるだけに終わったのである。

特別版
朝日新聞

帝國・米英に宣戰を布告す

西太平洋に早くも凱歌
布哇米艦隊航空兵力を痛爆

【大本營陸海軍部發表】（十二月八日午前六時）帝國陸海軍は今八日未明西太平洋において米英軍と戰闘狀態に入れり

【大本營海軍部發表】（八日午後一時）
一、帝國海軍は本八日未明ハワイ方面の米國艦隊並に航空兵力に對し決死的大空襲を敢行せり
二、帝國海軍は本八日未明上海に於て英砲艦「ペトレル」を撃沈せり　米砲艦「ウエイキ」は同時刻我に降伏せり
三、帝國海軍は本八日未明新嘉坡を爆撃し大なる戰果を收めたり
四、帝國海軍は本八日早朝「ダバオ」「ウエーク」「グアム」の敵軍事施設

シンガポール軍港爆碎

宣戰の大詔渙發さる

【情報局發表八日十一時四十五分】只今アメリカ、英國に對する宣戰の大詔が發せられ、また同時に臨時議會召集の詔書が公布されました

詔書

御名御璽

邦船の出港停止

ヒスタメント

日米開戦を報じる新聞記事（朝日新聞 1941/12/9）

経済制裁を受けた日本

欧米諸国の中でも、日本に対して最も憤っていたのがアメリカだった。

当時のアメリカは、植民地だったフィリピンを足場にアジアでの利権拡大を目論んでいた。よって日本軍の東南アジア侵攻は、アメリカの野望を妨げるもので、到底見過ごすことはできなかったのだ。

そこでアメリカがとった行動が、「経済制裁」だった。天然資源に乏しい日本は、エネルギーを輸入に頼らざるを得ない。中でも石油は、国内消費量のおよそ7割をアメリカから輸入していた。

しかも、当時の日本軍は度重なる軍事行動の結果、

日米交渉を行った日本の駐米大使・野村吉三郎（左）とアメリカ国務長官のコーデル・ハル（中央）。駐米特命全権大使・来栖（くるす）三郎（右）が野村の補佐にあたった。

1日に約1万2000トンもの石油を消費していた。

すなわち、嫌でもアメリカに頼らないと立ち行かない状態だったのだ。アメリカは、そこに目をつけたというわけである。

1939年7月、アメリカは日本に「日米通商航海条約」の破棄を通達した。それでも日本が軍を進めると、1940年9月26日に対日輸出禁止宣言を発表し、日本との貿易を事実上取りやめてしまう。

そして、1940年の7月には在米邦人の資産を全面凍結し、さらには石油輸出も全面ストップ。加えて、他の国々もアメリカに追従して日本との貿易を停止した。その中心となったのが、アメリカ・イギリス・中国・オランダだ。

こうして、これら四つの国の頭文字を取った「ABCD包囲網」と呼ばれる経済包囲網が完成したのである。

進まぬ日米交渉

だが、ここまでの経済制裁を受けても、日本の軍事行動は止まらなかった。それどころか、供給が止まったエネルギー資源を確保するため、以前よりも活発にアジアへ進出するようになったのである。

結果として、日本の国際的な孤立は一層深まり、もはや日米開戦は時間の問題となった。

その後、東条内閣は日米開戦を事実上決定し、当初は開戦に反対していた海軍も、次第に戦争賛成へと傾いていった。

とはいえ、この時点では交渉による戦争回避の道もまだ閉ざされてはいなかった。実際、東条も戦争準備を進める一方で、11月末までの期限つきではあるものの、対米交渉も続けさせていたのだ。

その交渉は１９４１年の４月から、駐米大使・野村吉三郎《きちさぶろう》と、アメリカ国務長官・コーデル・ハルとの間で始まった。

日米交渉において、アジアからの撤退と日独伊三国同盟の破棄を求めるアメリカに対し、日本は、反日組織への支援の停止と、日本の傀儡政権だった中国の汪兆銘《おうちょうめい》政権を承認することを求めた。

その後、双方が主張を譲ることなく時間だけが過ぎていったが、ついには日本が妥協し、「中国との和平後にアジアから撤退する」という「甲案」と、「インドシナから撤退する代わりに禁輸処置の撤回を求める」という「乙案」を提出した。ところが、アメリカはこれら両方の案を拒否。厳しい態度を崩すことなく、日本への強硬路線を貫いたのである。

そして、会談の期限が目前に迫った11月26日、

運命の文書ハル・ノートが、アメリカから日本へ提示されたのだった。

ハルと共にハル・ノートを提案した大統領フランクリン・ルーズベルト

突きつけられた10の要望

ハル・ノートは、正式名称を「アメリカ合衆国と日本国の間の協定で提案された基礎の概要」といい、ハルと当時のアメリカ大統領・フランクリン・ルーズベルトによって提案されたものである。

その中には、「満州国を含めたアジアからの無条件撤退」「中国国民党政権のみの承認」「三

国同盟の破棄」などといった日本に対する要望が記されていた。

要望内容は合計10項目にわたり、これらが受理されれば、欧米諸国は経済制裁を解除し、輸出の再開にも応じるとされていた。

日本政府は11月5日に御前会議を開き、12月1日までに交渉が成立すれば開戦を取りやめることを決定していたが、このハル・ノートを受け取ったことで、態度を一変させる。

なぜなら、条件つきならまだしも、無条件でのアジアからの撤退、ましてや満州国の放棄などを陸軍が許すはずがなかったからだ。

また、中国国民党政権を承認することは、日中戦争時に手に入れた中国における利権のすべてを手放すことと同義だった。

結果、日本政府はハル・ノートを最後通牒だと認識し、東条英機もまた、昭和天皇に対してそのように報告した。

こうして、わずかに残っていた開戦反対派も勢いを増した開戦派に屈服することになり、12月1日の御前会議において、対米戦争の開戦が正式に決定したのである。

この戦争において、日本は史上類を見ないほどの被害を出すことになるが、その開戦の最大のきっかけとなったのは、アメリカが日本に叩きつけた、強硬な姿勢を貫いた一通の文書だったのである。

日本軍の謎
vol.18

【二・二六事件】陸軍暴走の契機となったクーデターとは？

陸軍内の二つの派閥

日本が戦争への道を歩んだ原因の一つとして、「軍部の暴走」が挙げられる。では、そのきっかけは何だったのだろうか。

１９２９年、世界を襲った恐慌は、日本経済にも大きな影響をおよぼし、民間企業が相次いで倒産していった。また、都市には失業者が溢れ、農村部では人身売買までもが横行する始末だった。

こうした状況下で、影響力を増し始めたのが、軍部である。

海軍は補助艦などの保有量を制限する「ロンドン海軍軍縮条約」の締結を巡って政府に反発し、陸軍もまた、政治家たちの体たらくに怒りを募らせていた。

とはいえ、このころの陸軍は一枚岩ではなく、国家改造の方針を巡って内部抗争を繰り広げていた。

この抗争の中心となったのが、政権奪取のためなら軍事クーデターすら辞さないという「皇道派」と、過激な行動は慎み、あくまでも合法的な手段に基づく政治支配を目指した「統制派」の二大派閥である。

1936 年 2 月 26 日、外務省と内務省の十字路を封鎖した反乱軍の様子

双方が反目を続ける中、１９３２年に海軍の若手将校により犬養《いぬかい》毅《つよし》首相が暗殺される事件、いわゆる「五・一五事件」が引き起こされた。

この事件後、陸軍内の皇道派があることに興味を示す。それは、時の総理大臣を殺害したにもかかわらず、政治腐敗を嫌った国民たちによる将校たちの助命嘆願運動が巻き起こったため、全員が極刑を免れ軽い罪で済んだということだ。

「政府要人を暗殺しても、極刑にはならない」――そう考えた皇道派の若手将校たちは、１９３５年８月、統制派の永田鉄山を暗殺するなど、過激な行動を強めていく。

そして１９３６年、日本最大の軍事クーデターが皇道派の手により実行に移された。

「二・二六事件」の始まりである。

「昭和維新」の勃発

1936年2月26日午前4時、雪が降り積もる帝都東京において、1500人近い兵士たちが「尊王」の旗を掲げ、銃を手に、不気味なほど静かに一糸乱れぬ行軍を続けていた。

やがて永田町に到着した兵士たちは、それぞれの将校に率いられて各地へ分散。政府関係施設へ向けて一斉に攻撃を開始した。

安藤輝三大尉をはじめとする22名の若手将校たちは、部下と共に総理官邸や朝日新聞社、蔵相私邸、侍従長官邸、右大臣私邸を次々と襲撃した。

二・二六事件で殺害された齋藤内大臣（左）と高橋大蔵大臣（右）

その結果、齋藤實《まこと》内大臣、渡辺錠太郎教育総監、高橋是清《これきよ》大蔵大臣が殺害され、鈴木貫太郎侍従長が重傷を負う。

さらに現場へ駆けつけた警察官も数名が撃ち殺され、警視庁や陸軍省すら、決起した兵たちの手に落ちた。

施設の占拠を終えた反乱軍は、陸軍大臣・川島義之への趣意書と、陸軍への要望書を読み上げる。

反乱軍の決起理由は、「天皇陛下の名のもとにすべてを統一する」という意味の「八紘一宇《はっこういちう》」。彼らの要求は「昭和維新」への協力と、皇道派のリーダーである真崎甚三郎《じんざぶろう》大将を中心とした内閣の樹立だった。

こうした青年将校の反乱に対し、翌日には東京全体に戒厳令が公布された。だが、後手に回った陸軍上層部内では、意見の統一が進まない。

石原莞爾《いしわらかんじ》大佐をはじめとする参謀本部や陸軍省軍事課は、「反乱軍こそ逆賊である」と主張したが、他の大臣や将校の中には反乱軍に同調する者も少なくなかった。

さらに、情報統制によって国民の間にも不安が広がり、川島陸相は、反乱を正当化するような告示を出してしまったのである。

天皇陛下の激怒

そんな中、こうした反乱軍の行動に対して強い怒りを覚える人物がいた。

昭和天皇である。

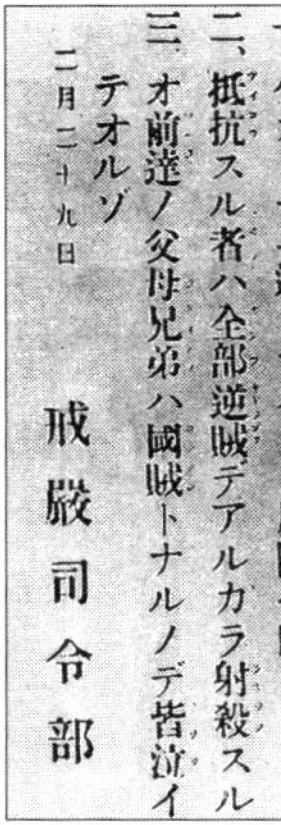
下士官兵ニ告グ
一、今カラデモ遅クナイカラ原隊ヘ歸レ
二、抵抗スル者ハ全部逆賊デアルカラ射殺スル
三、オ前達ノ父母兄弟ハ國賊トナルノデ皆泣イテオルゾ
二月二十九日
戒厳司令部

反乱軍の兵士たちを説得するために配られたビラ

国家に反逆し、大臣すらその手にかけた反乱軍に、昭和天皇は激怒したのだ。

また、陸軍の煮え切らない態度も昭和天皇の怒りを一層激しく燃え上がらせることとなり、ついには、自ら近衛兵を率いて反乱軍を鎮圧するとまで発言したという。

これで陸軍も腹を括り、28日未明の奉勅《ほうちょく》命令（天皇が直接下す命令）に伴い、反乱軍を逆賊として討伐することが決定された。

陸軍は武力による鎮圧を視野に入れた一方で、ラジオやビラによる反乱軍への呼びかけも行った。

「今からでも遅くはない。原隊へ帰れ。国賊となったことを家族も悲しんでいるぞ」などと記されたビラを見た兵士たちは、涙を流して後悔し、原隊の上官たちが説得したこともあり、29日の午後にはほとんどの兵が原隊に帰還した。

また、将校たちについても、自決した野中四郎大尉以外の全員が逮捕された。

こうして、内戦の危機は間一髪のところで回避されたのである。

政治的影響力を強めた陸軍

このクーデターの後、安藤大尉や事件に関与した右翼思想家の北一輝をはじめとする19名が死刑に処せられることとなった。また、真崎陸軍大将も、予備役への編入という形で責任を取らされている。

ところが、皇道派を一掃した陸軍は二・二六事件を逆手に取り、再度の反乱や暗殺の気配を匂わせながら、政治家たちを脅し始める。

そして結局、政府は陸軍に屈し、事件後の新内閣には軍と親しい者が多数入閣することとなった。しかも、1913年以降は軍部が政治に介入し過ぎないよう、陸軍大臣には退役将校が就任していたのだが、このとき大臣に任命されたのは、現役の将校である寺内寿一《ひさいち》だった。

その後も陸軍は現役世代しか大臣候補を送らず、陸軍の協力なしでは内閣を運営できなくしてしまった。こうして、二・二六事件をきっかけに、陸軍は、事実上の軍部による国家支配を実現したのである。

ちなみに、陸軍とともに日本軍の一翼を担う海軍でさえ、陸軍の暴走を止めることは容易ではなく、両軍の対立を深めるだけにとどまった。

これ以降、力を増した陸軍主導の下、日本は泥沼の戦争へ突入していくこととなるのである。

日本軍の謎
vol.19

【真珠湾攻撃】アメリカは日本の奇襲を知っていたのか？

大成功した奇襲攻撃

日本時間1941年12月8日午前1時30分、ハワイ時間同年同月7日午前6時。ハワイのオアフ島に近づいた日本海軍連合艦隊の空母6隻から、航空部隊が発進した。

航空部隊は、真珠湾基地に停泊していたアメリカの太平洋艦隊を攻撃。日曜日の朝だったこともあり、アメリカ軍側に反撃の暇はなく、日本軍の奇襲攻撃は見事に成功した。

この戦闘で、アメリカ軍は戦艦5隻を沈められ、300機以上の航空機を破壊された。また、アメリカ側の戦死者は行方不明者も含め約2400人、戦傷者が約1400人だった。対して日本軍の受けた損害は、第1次攻撃部隊183機、第2次攻撃部隊167機のうち未帰還機が29機で、戦死者は64人だった。

このように、日本軍が圧倒的勝利を収めた「真珠湾攻撃」だったが、実は、アメリカはこの奇襲攻撃を事前に知っていたという説があるのだ。

真珠湾攻撃の誤算

戦術的には大成功を収めた真珠湾攻撃だったが、いくつか誤算もあった。

その一つが、空母の有用性をアメリカに気づかれてしまったことだ。

真珠湾攻撃以前は、日本もアメリカも、「航空機では戦艦や空母を沈めることはできない」という考えを持っていた。

それまでの海戦は戦艦同士の砲撃戦が主であり、航空機は敵艦に火災を起こさせたり、大砲を破壊したり、航行不能に陥らせるのが精一杯だと考えられていた。

しかし、真珠湾攻撃を通じて航空機でも戦艦を撃沈させられるということが明らかになったため、大きな大砲を積んだ巨大戦艦で相手を攻撃するという「大艦巨砲主義」よりも、これか

日本が仕掛けた奇襲「真珠湾攻撃」により炎上するアメリカ戦艦「ウェストバージニア」

らは航空機の時代だという空気が広がった。

つまり真珠湾攻撃は、アメリカ軍に対し「空母で多くの航空機を運び、それで戦艦を撃沈させる、あるいは敵陣を攻める」といった、空母の有効的な活用法を知らせてしまうことに繋がったのである。

また、真珠湾への奇襲を立案した連合艦隊司令長官・山本五十六大将は、この作戦を立てる際、「先手を取ってアメリカ国民の戦意を喪失させ、速やかに講和へと持ち込みたい」という思いがあった。

しかし、山本の狙いは外れてしまう。

当時のアメリカ大統領・ルーズベルトは、「世界大戦への不介入」を公約として大統領に選出された人物だった。加えて、「アメリカはヨーロッパの問題に介入しない代わりに、ヨーロッパもアメリカに介入しないでほしい」という「モンロー主義」もあり、アメリカはイギリスへ軍需物資の供給という形で支援はしていたものの、ドイツへ対する宣戦布告は行っていなかった。

しかし実は、ルーズベルトはどうにかして戦争に参加したかったのだ。

その理由は、「ファシズムから自由主義を守る」という大義名分もあったが、ナチスに反感を抱くユダヤ人や、軍需産業界の圧力が大きかったためだと考えられる。

よって、ルーズベルトは世論の反対を受けることなく上手く大戦に参戦したかったのだが、真珠湾攻撃は、その口実としては最適だった。

誤解を恐れずにいえば、アメリカにとってこの奇襲攻撃は、ある意味ありがたいものでさえあったのだ。

ともあれ、結果として真珠湾攻撃は、山本が狙った「アメリカ国民の戦意を喪失」とは、かけ離れた作戦になってしまったのだった。

真珠湾攻撃に向かおうとしている空母「翔鶴」上の航空機

アメリカは知っていたのか？

そして、冒頭ですでに述べた通り、アメリカは「不意打ち」「だまし討ち」といわれる真珠湾攻撃を、前もって知っていたという説もあるのだ。

当時、アメリカは日本に対して経済封鎖策を行っていたのだが、それに窮した日本が、奇襲攻撃を仕掛けてくるのではないかという予測を立てていた。

なぜアメリカがこうした予測を立てられたのか――その最大の理由として考えられるのが、日本の外務省

「真珠湾攻撃の復讐をせよ」と書かれたアメリカのポスター

から駐米大使館に送られていた、暗号電文の解読である。

このころ外務省は、「パープル」という暗号機を使用していたのだが、アメリカ側はこのパープルの模造機を完成させており、暗号の解読に成功していた。

よって、日本の外務省から送られた電文の内容はアメリカに筒抜けで、これによって真珠湾の奇襲もアメリカ側に知られていたといわれているのである。

ただ、この説には反論もある。

まず、外務省の暗号電文が解読されていたとしても、外務省が送る情報はあくまで外交に関するものであり、軍事に関するものではない。

そして、肝心の軍事情報を有する日本海軍の暗号については、この当時はまだ、アメリカは解読できていなかったとする説が有力なのだ。

さらに、真珠湾攻撃時にハワイに向かった日本の機動部隊は、一切の無線通信が禁じられており、艦内電話すら使われなかったという。

実際、日本の偵察機が帰路を見失った際にも、傍受を恐れて通信を断念したために遭難したという話も伝わっているほどだ。

つまり、こうした堅固な日本軍部の機密保持態勢を考えれば、アメリカが真珠湾攻撃を知りながら見逃したとする説はやはり憶測に過ぎず、日本側が卑怯者とみなされるのを嫌って流したでまかせ、あるいは捏造であるとも考えられるのである。

アメリカに火をつけた日本

さて、アメリカが真珠湾攻撃を事前に知っていたのかどうかの真偽についてはともかく、「リメンバー・パールハーバー」をスローガンに、アメリカは国民の戦意も昂揚させた。そして、日本に対して宣戦布告を行い、ここに太平洋戦争の火ぶたは切られたのである。

ちなみに、当時のイギリス首相・チャーチルは、アメリカの参戦を非常に歓迎した１人であり、アメリカを「巨大なボイラーのようなもので、いったんその下に火をつけると、生み出す力は際限がない」と評していたとされている。

チャーチルの言葉を借りれば、日本は無謀にも、自らの手でアメリカという巨大なボイラーに点火してしまったということになるのかもしれない。

日本軍の謎 vol.20

【ノモンハン事件】太平洋戦争の苦戦を暗示した国境紛争とは？

国境紛争の勃発

太平洋戦争において、緒戦を除いて日本軍は苦戦を強いられたが、この戦争以前に、そうした苦戦を暗示するような事件が起きている。それが、日本対ソ連の国境紛争「ノモンハン事件」である。

事件の発端は、１９３９年、７００名のモンゴル兵が、ハルハ河沿いに展開していた満州警備隊に向けて銃撃を仕掛けたことにあるとされている。

この時期、日本は満州国の西に流れるハルハ河が国境線であると主張していたのに対し、モンゴルは、河から東に10キロの地点が国境だと主張していた。

そんな両者の言い分がこじれた結果、モンゴル軍が武力行使に出たのである。

この国境沿いの小競り合いは次第にエスカレートしていき、ついには満州駐留軍が介入する事態にまで発展した。

出撃したのは、東八百蔵《あずまやおぞう》中佐が指揮する東捜索隊220名。対するモンゴル軍は、戦いを避け自国内へ撤退した。

その後、モンゴル軍は日本軍が引き揚げれば再び満州へと進軍し、日本軍が出動すれば退却、引き揚げればまた進軍という、嫌がらせのような作戦で日本軍の苛立ちを募らせていった。

ハルハ河を渡る日本兵たち

ところで、この事件が起こる3年前、モンゴルはソ連と相互援助条約を結び、ソ連の衛星国の一つとなっていた。

この条約に基づき、ソ連軍はモンゴル国境へ1万人以上の兵員導入を決定していた。つまり、前述のモンゴル軍の進軍・退却の繰り返しは、ソ連軍の応援が到着するまでの時間稼ぎだったというわけだ。

ソ連軍の助けを借りたモンゴル軍は1939年5月、ハルハ河手前に位置する平原地帯「ノモンハン」へと進軍した。

こうして万全の態勢を整え、山県武光《やまがたたけみつ》大佐率いる山県支隊約2000名へ対し、攻撃を開始したのである。

満州国の首都・新京（現在の中国吉林省長春市）に建てられていた、関東軍の総司令部

陸戦の敗北と空戦の勝利

このとき、日本軍は「モンゴル軍など恐るるに足らず」と侮っていた。だが、そんな彼らが見たものは、河沿いに布陣する無数のソ連兵の姿だった。

最初に攻撃を受けたのは東捜索隊だった。河の突破に成功する部隊はあったが、他の部隊が追いつけずに敵中で孤立してしまう。

結局、数で勝るソ連軍には適わず、集中砲火によって部隊は29日に壊滅。東中佐も戦死した。

また、山県支隊も圧倒的多数のソ連兵に苦戦を強いられた。ソ連軍は多数の戦車や火砲で日本軍を苦境に陥れたのだ。

一方の日本軍には、戦車はおろか砲兵すらいなかったため、効果的な反撃は不可能だった。一時は全滅の恐れもあったが、30日の増援部隊の到着によりソ連軍は撤退。翌日までにらみ合いを続けた後、死傷者の収容を済ませた日本軍は、ノモンハンから撤退した。

こうした陸の苦戦とは裏腹に、空では航空機の性能や操縦者の練度に勝る日本側が、終始ソ連軍を圧倒していた。

陸軍の「九七式戦闘機」はソ連機を翻弄し、日本軍の撤退までに20機以上撃墜したパイロットも大勢存在し、中には「1人で58機撃墜した」と主張する者までいたという。

関東軍の暴走

こうした対照的な陸と空の戦いの結果、緒戦は両軍の痛み分けに終わった。

後は政治や外交で決着がつけられるだろうということになり、陸での敗北を知った陸軍本部も、紛争の拡大を危惧して、武力以外で解決する方法を模索しようとしていた。

ところが、そんな陸軍本部の方針を無視して、関東軍が独断で軍を動かした。

満州の実質的な最高指導者である関東軍は、本部の意向を不服として、6月27日、極秘裏にソ連領のタムスクへ空爆を強行したのだ。

このときは、100機以上の敵機を破壊し、味方の損害は4機と大成功に終わっている。

しかし、勝手に動いた関東軍に対し、当然ながら陸軍本部は激怒した。

一方、関東軍はそんな本部の怒りもお構いなしに、ノモンハンへの攻撃準備を着々と整えていく。

ノモンハン事件の戦闘時、ソ連軍に捕らえられた日本兵

そして関東軍は、新型の「九七式中戦車」を含む多数の戦車や、重砲を備えた1万５０００人もの大兵力を擁し、再度ノモンハンへと向かった。

これに対し、ソ連軍も精鋭部隊を次々と輸送。その結果、ソ連軍は日本軍の数倍の数にまで膨れ上がった。

そして、ゲオルギー・ジューコフ将軍が指揮するソ連軍と日本軍は、７月１日から再び一戦を交えることになったのである。

この戦いにおいて、当初日本軍は各地で健闘し、九七式中戦車もソ連戦車「ＢＴ－５」を相手に互角に戦った。

しかし時間が経つと、物量差もあって徐々に日本軍は押されるようになり、８月20日にソ連軍の総攻撃が始まると、無数の戦車や砲弾が日本の陣地を次々と駆逐していった。

また、空においても、戦術を格闘戦から一撃離脱作戦に切り換えたソ連機に苦戦した日本軍は、やはり物量差もあって、最終的には制空権を奪われてしまう。

こうして、仕方なく日本軍は国境沿いまで退き、その後、9月16日の停戦成立によって国境紛争は終結したのだった。

生かされなかった教訓

このノモンハン事件から分かることは、紛争の経緯が、後に起こる太平洋戦争のそれと酷似しているということだ。

特に二度目の戦いでは、格闘戦の限界、戦車対戦車戦闘の重要性、物量戦闘の恐ろしさなど、その後に生かせる教訓や研究材料が山ほど存在していた。

しかし、陸軍将校たちは敗北の責任を押しつけ合うことだけに熱中し、その後行われた対策としては、兵器の性能が少々見直された程度だった。

すなわち、ノモンハン事件は教訓の宝庫だったにもかかわらず、そのほとんどが見向きもされずに闇へと葬られたということだ。

そして、冒頭で述べた通り、太平洋戦争においても日本軍は苦戦を強いられることとなる。

もしもノモンハン事件を通じ、その戦術などについて真剣に研究、議論がされていたならば、後の戦争における戦闘の様子も、多少は違ったものになっていたかもしれない。

日本軍の謎
vol.21

【宮城事件】玉音放送阻止のためのクーデターが起きた？

ポツダム宣言の受諾が決定

1945年8月、この月は、相次ぐ本土への空襲と広島への原子爆弾投下、そして「日ソ中立条約」を一方的に破棄したソ連の対日戦参戦など、日本が揺らぐようなできごとが立て続けに起きた。

これらを受けて、当時の鈴木貫太郎首相は、ポツダム宣言の受諾を決心する。

そして、8月9日午前11時ごろ、最高戦争指導会議が開かれることになった。

この会議に参加したのは、鈴木首相の他、東郷茂徳外相、米内《よない》光政海相、阿南惟幾《あなみこれちか》陸相、梅津美治郎《よしじろう》参謀総長、豊田副武《そえむ》軍令部総長という6名だった。

会議が始まって間もなく、長崎への原爆投下が伝えられ、6人が6人共、ポツダム宣言の受諾に賛同する運びとなった。

しかし、「国体の護持」のみを条件とする鈴木、東郷、米内に対し、「武装解除は日本人の手で行う」などの三条件をつけるべきだとした阿南、梅津、豊田は対立してしまう。

結局、会議は膠着状態となり、最終的には「天皇陛下の御聖断」を仰ぐことで決着をつけることとなった。

「玉音放送」を聞く人々（写真引用：『日本 20 世紀館』）

下された御聖断

この会議が行われた同日の午後11時30分、宮中の地下壕で御前会議が開かれ、昭和天皇は東郷の意見を支持した。

こうして、日本側は連合国にポツダム宣言受諾の旨を打電したが、これに対してアメリカのバーンズ国務長官は、「国家統治の権限は連合国最高司令官に"subject to"する」と回答した。

この"subject to"について、外務省は「制限下」と訳したが、軍部は「隷属」と解釈し、再び戦争継続を訴え始めた。

その後、日本の首脳陣の紛糾を経て、8月14日に再び

宮城事件の首謀者の一人である畑中健二少佐（左）と、畑中に殺害された近衛師団長・森赳（右）

御前会議が開かれ、御聖断を仰ぐこととなった。

このとき昭和天皇が、「わが身はどうなろうとも万民の命を助けたい」と言ったため、ポツダム宣言を受諾することが改めて決定した。

そして、翌日の8月15日、「終戦の詔勅《しょうちょく》」、いわゆる「玉音《ぎょくおん》放送」が全国に向けて流されることになったのである。

玉音盤奪取計画

だが、軍部の中、特に陸軍内ではこの期におよんでも徹底抗戦を叫ぶ声が多かった。

そんな抗戦派の一部の将校が起こしたクーデターが、「宮城《きゅうじょう》事件」である。

阿南陸相の義弟に当たる竹下正彦中佐らは、陸軍を挙げてのクーデターを計画し、8月13日に阿南へ決起を迫ったが、梅津参謀長などの同意を得られず失敗に終わってしまう。加えて翌日14日には、すでに述べたように再度の御聖断も下ったため、陸軍幕僚も戦意を喪失した。

だがそんな中でも、畑中健二少佐はクーデターを諦めきれなかった。

畑中は14日の夜半から15日の未明にかけて、椎崎《しいざき》二郎中佐、井田正孝中佐を仲間に引き入れ、近衛《このえ》師団司令部に乱入した。近衛師団の力を借りて玉音放送の録音盤を奪取し、戦争を継続へ導くという計画を実行に移そうとしたのである。

そのため、畑中たちは約1時間をかけて森赳《たけし》近衛師団長を説得した。この際、畑中は一旦中座し、その間に井田が同意を取りつけることに成功した。

しかし、戻ってきた畑中は、あろうことか森を射殺してしまったのだ。

その後、畑中ら反乱グループは「皇居の守護を固め、放送局も占拠せよ」という偽の師団命令を出し、これに従った近衛兵たちは皇居のすべての門を閉鎖した。

さらに反乱グループは宮内省をも占拠して「玉音盤」（玉音放送が録音されたレコード盤）を探したが、皇后宮職事務官室内に置かれていた玉音盤を見つけ出すことはできなかった。

加えて、日本放送協会（ＮＨＫ）の放送会館を占拠した反乱グループは、クーデターの趣旨を国民に訴えようとしたが、アナウンサーは、「放送するには東部軍の許可が必要」という理由でこれを拒否した。

結局、15日の朝に東部軍管区司令官によって近衛連隊の解散が命じられ、宮城事件は失敗に終わったのである。

これら一連の事件についての報告を受けた昭和天皇は、「自らが兵の前に出向いて諭そう」

「玉音盤」の原盤（写真引用：『玉音放送』）

と発言したといわれている。

また、阿南陸相は「本夜のお詫びも一緒にする」といい、「一死以って大罪を謝し奉る」の遺書を書いて自刃した。

そして、事件の当事者である畑中と椎崎は玉音放送が流れる前に二重橋と坂下門の間の芝生でピストルにより自決し、井田もまた自決の決心を固めていたが、それを予見していた将校に止められたため、断念することとなった。

侍従とアナウンサーの機転

さて、玉音放送の録音は8月14日の深夜、昭和天皇の仮執務室に当てられていた、宮内省の一室で行われた。

この録音盤を皇后事務官室の金庫に納めた徳川義寛《よしひろ》侍従は、万が一クーデターが起きたとしても盤を奪われることがないよう、保管した皇后宮職事務官室には、「女官寝室」という札をかけておいたという。

こうしておけばいくら反乱グループといえども踏み込みは難しいだろうという読みからだったそうだが、結果として、その機転は功を奏した。

また、反乱グループに占拠された放送会館にいた舘野守男《たてのもりお》アナウンサーも、クーデターの阻止に一役買っていた。というのも、舘野が反乱グループに告げた「東部軍の許可が必要」という言葉は、実はとっさに思いついた嘘だったといわれているのである。

なお余談だが、この舘野守男という人物は、１９４１年12月８日に開戦勅書を読み上げた人物でもあった。

クーデター失敗の後、２枚存在していた玉音盤は、放送会館と第一生命館に設けられていた予備スタジオへ運搬された。

ちなみにこのときは、正式な勅使らしい偽物を仕立て、本物は粗末な袋に入れて木炭自動車で運ばれている。

そして8月15日の正午、ラジオから「君が代」が流れ、玉音放送は予定通り行われることとなった。

しかし、仮に宮城事件が成功していたとしたら、現在認識されている「8月15日」という終戦記念日は、別の日になっていたかもしれない。

敬礼をする大日本帝国陸軍軍人（元帥陸軍大将）・杉山元。

第4章 軍人たちの知られざる素顔

日本軍の謎
vol.22

【最も有名なA級戦犯】

東条英機は「独裁者」だったのか？

役人タイプという一面

東京裁判における「A級戦犯」の中でも、東条英機は特に有名だ。太平洋戦争においては日本を悲惨な敗戦に導いたとされ、ヒトラーのような「独裁者」だったと思われることも少なくない。

実際、東条は憲兵や特別高等警察（特高）を使って民間人に圧力を加え、自分に敵対する者がいれば、たとえ同じ軍部の人間であろうと政府の役人であろうと排斥し、戦争の遂行を推し進めた。

また、対外政策でも強硬な態度が見られ、戦争回避に向けて外交交渉を続ける閣僚に対し、主戦論を唱えたともいわれている。

しかし、そんな強行的な東条にはあまり知られていない意外な面もある。

それは、仕事を決して人任せにせずに与えられた使命を確実にこなし、部下の管理も怠らない、いわば「事務官吏」としての非常に有能な性質である。そして、何よりも秩序を重んじ、組織に忠実な面もあった。

そう考えれば、太平洋戦争末期に政治権力を掌握した東条だったが、一国の運命を左右する政治家よりも、「生真面目な小役人」に向いたタイプだったのではないかとさえ思えるのだ。

「メモ魔」だった東条

1884年生まれの東条は、陸軍大学校を卒業した後、着々と出世を重ね、1926年に陸軍省軍務局高級課員になった。

東条英機

事務官時代の東条は、何かにつけては手帳を取り出して記録するという癖があり、このため「メモ魔」と称されるほどだった。

この癖は後に首相になってからも変わらず、部下の報告は必ずメモを取り、テーマ別、年月日別に分類して書類箱に整理し、日曜日には1冊にまとめるほどに徹底していたといわれている。

そんな東条が、関東軍参謀長、陸軍次官を経

第二次近衛内閣における東条（2列目左から2番目。陸軍大臣として入閣）

て、陸軍大臣に就任したのは1940年のことだった。

このころの陸軍は、政治への干渉や中国大陸での暴走を繰り返し、政府の力で抑えるのが難しい状態にあった。泥沼化していた日中戦争がいつ終わるのか分からない状況に、軍部はいら立ちを覚えていたのである。

さらに、アメリカ、イギリス、オランダが中国と手を結んで包囲網を作り、石油などの資源を日本に輸入させないようにしたこと（「ＡＢＣＤ包囲網」）が、軍部の怒りに拍車をかけた。

そんな状況の中で、当時の近衛《このえ》文麿《ふみまろ》内閣は妥協案を探り、中国からの撤兵を条件にアメリカとの衝突を避けようとしたが、これに陸軍が猛反発。こうして、近衛内閣は総辞職してしまうこととなったのである。

そこで、次の総理として白羽の矢が立ったのが、陸軍大臣の東条だった。東条は陸軍の内情をよく把握しており、下士官たちに対する面倒見も良かったからだ。

また、勤務態度は真面目で、私生活においてもスキャンダラスなことはなく、陸軍内部の評価も高かった。さらに、軍人としての秩序を重んじるので、自分の考えと相反することがあろうとも、天皇の命令には絶対服従する。

そんな東条なら、もし日米交渉が成立しても、開戦派による暴動を抑えきることができると目されたのである。

「この国難には東条英機」

こうして、1941年10月18日、東条は陸軍大臣との兼任で総理大臣に就任する。

昭和天皇が日米交渉の継続を下命した際、東条は主戦派でありながらもその命令に従い、中国大陸から撤兵せずにアメリカとの戦争を回避する方法を模索したとされている。

だが、日米交渉は決裂してしまい、1941年12月8日の真珠湾攻撃を皮切りに、日本は太平洋戦争に突入することとなった。

当初、連戦連勝を重ねる帝国陸海軍の様子を見た国民は、「元寇のときには北条時宗、この国難には東条英機」ともてはやした。

しかし、戦況が悪くなるにつれ、その責任はすべて東条に押しつけられるようになっていった。

それでも東条は戦争を続けていく決意を見せ、陸軍大臣、内閣総理大臣だけでなく、内務大臣、外務大臣、文部大臣、商工大臣、軍需大臣を兼任し、軍に指令を下す参謀総長も務め、権力を集中させた。

そして国民に対しても、反戦を唱えたり軍の命令に従わない場合などには、憲兵や特高を使った弾圧を行った。

しかし、その後戦況が好転することはなく、1944年7月、東条内閣はその責により退陣に追い込まれ辞職した。

そして、翌年の8月15日に終戦を迎えたのである。

政治の世界は「水商売」

このように、独裁に近いほどの地位にあり、かつてない国難を自身の考えだけで切り抜けようとした東条だが、実は、政治の世界を「水商売」といって嫌い、首相時代に「自分は政治家ではない。多年の軍隊生活で知りえた戦略をそのまま行っている」とも漏らしている。

繊細で生真面目だった東条にとって、政治家という、ある意味日々博打を打たなければならないような仕事は、性格的に合わなかったのだろう。

それでも東条は、周囲の推挙もあって、「戦争の遂行」という使命を与えられてしまった。拒否することもできたかもしれないが、所属する組織の命令を断るといった考えを、東条は持ち合わせていなかった。

その理由はむろん、個人の意思で「秩序」をないがしろにすることなど、到底できなかったからだ。

だからこそ東条は、与えられた使命をまっとうするために政治家として力を尽くした。

しかしそこには、政治家としての臨機応変さやずる賢さ、あるいは時に必要な妥協は存在しなかったように思える。東条英機という人物は、真面目過ぎるほど真面目な性格だったのである。

「極東国際軍事裁判」に出廷する東条英機。Ａ級戦犯として裁かれ、絞首刑判決を受けた。

日本の敗戦に伴い、「極東国際軍事裁判」（東京裁判）が行われ、そこで絞首刑という判決を受けた東条は、１９４８年12月23日、64歳で刑死した。

なお、この裁判において東条は、「太平洋戦争は自衛戦争だ」として「国家弁護」は行ったものの、「自己弁護」は口にせず、敗戦の責任も自分が負うと明言し、天皇に戦争責任はないと主張している。

日本軍の謎
vol.23

【伏見宮博恭王】
真の「特攻の父」とは誰だったのか？

「統率の外道」、特攻

日本軍最大の愚行といわれる「特攻」。この作戦を最初に思いついたとされるのが、海軍の大西瀧治郎《たきじろう》中将である。

大西はレイテ沖海戦の最中、パイロットの実力不足のため、通常攻撃で敵を倒すことは難しいと考えた。

そこで、爆弾を括りつけた零戦を体当たりさせる作戦を思いつき、関行男大尉に命じて実行させたのだった。

これにより、空母1隻撃沈などの戦果が出ると、大本営は体当たり攻撃を正式に採用した。そして、大西自ら特攻を「統率の外道」と認めつつも、そのままアメリカに対抗する唯一の方法として終戦まで続けられたのである。

以上が、一般に広く知られている特攻作戦誕生の経緯だ。従って、大西は現在でも「特攻の父」などと評されており、その人気は決して高くない。

ところが最近では、大西以前に、すでに特攻作戦は生まれていたのではないかという声も聞かれるようになっている。

というのも、初めて特攻隊が出撃したのは１９４４年の10月25日だが、軍本部の特攻計画である「特殊兵器緊急整備計画」は、これより約３カ月前の７月10日に発令されている。そして、この計画に大西が関与した形跡はまったくないのだ。

では一体、真の「特攻の父」は誰だったのか――その候補として名が挙がるのが、海軍で絶大な権力を握っていた皇族将軍・伏見宮博恭王《ふしみのみやひろやすおう》である。

伏見宮博恭王

実戦経験も申し分ない皇族軍人

博恭王は、皇族でありながら巡洋艦や戦艦に乗り継ぎ、戦艦「三笠」に乗船して日露戦争にも従軍するなど、他の士官と同じように艦隊勤務を務める人物だった。

昭和初期、海軍上層部はロンドン海軍軍縮条約を巡って内部抗争を繰り広げていた。条約に賛成

伏見宮博恭王が海軍の軍令部長になるよう協力した元帥・東郷平八郎

する「条約派」と、反対を唱える「艦隊派」の溝は日を追うごとに深まり、抗争も激化していく一方だった。

こうした状況の中で、実戦経験もあり、海軍の実情もよく知っていた博恭王は艦隊派に共感を持っていた。

皇族ということもあり、そんな博恭王が同派の軍人たちに担ぎ上げられるのは当然の展開だった。

そして、艦隊派であった東郷平八郎元帥の協力もあり、博恭王は1932年に海軍のトップである軍令部長となったのである。

海軍の頂点に立った博恭王は、皇族としての威光を利用し、権力の拡大を図った。手始めに軍令部と海軍省の規定を改訂し、将官の人事異動については、軍令部総長の承認が不可欠とした。この軍令部総長という職に就いたのは、もちろん博恭王自身である。

海軍内で権力を握る

こうして人事権を掌握した博恭王は、条約派を次々と閑職や予備役に追いやり、空いた役職には自身に賛同する将軍を採用した。

博恭王が権力を握ったこの当時の日本は、軍部の発言力が強まる一方で、国際的孤立が深まっていた時期でもあり、そんな中で提言されつつあったのが、ドイツ・イタリアとの三国同盟だった。

この同盟が締結されれば、米英との対立は必至である。当然のごとく軍内部は同盟の締結の是非を巡って再び抗争状態に陥ったが、対米開戦派であった博恭王は、ここでも大きな力を発揮。1940年の海軍首脳会議において、博恭王は誰よりも先に、同盟への賛成を主張したのである。

海軍のトップが賛成したことで、会議の方向性は定まり、そのまま三国同盟への道は開かれることとなった。

この翌年、博恭王は体調不良を理由に軍令総長を辞任した。しかし、海軍への影響力は強いままであり、博恭王は戦中も変わらず海軍の陰の権力者として君臨し続けたのである。

「特殊な兵器」の真意とは

ではなぜ、そんな博恭王が真の「特攻の父」ではないかと囁かれているのか。それは、マ

「特攻の生みの親」大西瀧治郎中将（左）と、大西の立てた特攻作戦に従い、命と引き換えに敵艦を撃沈させた関行男大尉（右）

リアナ沖海戦敗北後の、元帥会議での発言が原因だと考えられる。

１９４４年６月、天皇陛下も臨席したこの会議において、博恭王は次のような発言を残している。

「陸海軍とも、何か特殊な兵器を考え、これを用いて戦争をしなければならない」

この「特殊な兵器」というのが、「特攻兵器」を指していると推測できるのだ。

博恭王は、海兵から慕われていたといわれている。皇族出身でありながらも、一般の仕官と同じように軍艦に乗り、食事も簡素なものを好む様子は、兵からも親しみを持たれやすかったためだろう。

しかし、仮にこの推測が当たっているとすれば、博恭王は、自分を慕ってくれている兵たちを捨て駒にする作戦を生み出したということになる。

ただもちろん、博恭王がいった「特殊な兵器」が「特攻兵器」を指しているということは、あくまで憶測であり、その権力の大きさから囁かれる一つの「噂」に過ぎない。

「特攻の父」と目される人々

また、実は博恭王以外にも真の「特攻の父」ではないかと目される人物は複数存在するのである。

冒頭で述べた大西瀧治郎中将をはじめとして、大西に特攻のヒントを与えたとされる、侍従武官の城英一郎大佐、「大和特攻」を立案した神重徳《かみしげのり》大佐、あるいは、人間爆弾「桜花」開発に深く関わったとされる源田実中佐などがその例だ。

さらに、この他にも戦争末期の軍内部には、「特攻の父」の候補とされるべき人物が数え切れないほどに存在した。

結局、特攻という作戦は特定の個人が立案したのではなく、「特攻の父」と噂されるこれらの人物の中の数人が、共謀して作り上げたというのが真実に近いと考えられる。

すなわち、「特攻の父」は当時の日本軍首脳そのものだったともいえるだろう。

ちなみに、大西瀧治郎は特攻を採用した責任を取るため戦後に割腹自殺しており、伏見宮博恭王は、1946年8月16日、70歳で逝去している。

日本軍の謎
vol.24

【辻政信】陸軍随一の謎多き将校の素顔とは？

「優しい秀才」か「戦争狂」か

ある人は「部下に優しく正義感に満ち溢れた秀才」と評し、またある人は「敵兵や民間人を容赦なく虐殺した戦争狂」と評する。これほどまでに両極端な評価を受ける、謎多き将校が辻政信《つじまさのぶ》である。

辻は1902年、石川県の農村の比較的裕福な家庭に生まれ、高等小学校を卒業後、名古屋陸軍地方幼年学校に補欠合格する。

寝る間も惜しんで勉強した辻は、幼年学校を主席で卒業すると、そのまま陸軍士官学校を目指し、見事に合格を果たした。

士官候補生時代の辻は、人情味の溢れる好青年として慕われていた。初年兵教育を進んで引き受け、訓練の合間に疲れた兵を見かければ労わりの言葉をかけるなど、決して新兵に無理をさせることはなく、友人のように接したといわれている。

前述のように新兵たちの面倒を見ながらも、自身の勉学も忘れなかった辻は、士官学校も主席で卒業した。さらにその後、陸軍大学校を3位の成績で卒業し、恩賜の軍刀を拝領している。

このように学生時代から優秀だった辻は、陸軍入隊後は紆余曲折を経ながらも、陸軍屈指のエリートとして、後の事件や戦争に関与していくことになる。

強引な一面を併せ持つ

辻政信

1931年に陸軍大学校を卒業した辻は、金沢連隊の中隊長として、第一次上海事変で活躍した。それが軍本部の目に留まり、1932年9月に参謀本部の第一課へ転任する。

さらにその後は陸士生徒隊中隊長を経験し、1936年には関東軍の作戦参謀に就任することとなった。

ここまでの辻は、学生時代と同様、部下には優しい模範的な将校だった。しかし、彼は情に厚い一方、血気盛んで強引な面もあり、気に入らないことがあれば、相手が上官であっても反抗することもしばしばだったという。

こうした性格が災いしたのか、参謀となった辻は、その評価を徐々に下げていった。その顕著な例が、ノモンハン事件時に起こした勝手な行動によるものだ。

1939年、日ソ両軍が衝突したこの事件で、ソ連との全面戦争を恐れた軍本部は、事件を穏便に収めようと不拡大の方針を固めた。

しかし辻はその決定を不服とし、本部を「軟弱者」と罵り、寺田雅雄大佐や服部卓四郎《はっとりたくしろう》中佐と結託して関東軍司令部を強引に説得すると、独自に部隊を動かしてしまったのだ。

このように辻たちが勝手に出兵した結果、日本軍は、圧倒的多数のソ連軍に惨敗することとなった。

そして、辻はこの敗戦の責任を取らされる形で、支那派遣軍へ左遷されたのである。

作戦の神様

支那派遣軍で1年を過ごした辻は、台湾の研究部員となって、南方作戦の研究に明け暮れる日々を送った。

そして1941年、彼によって作成されたハウツー本「これだけ読めば戦は勝てる」は、南方戦の教科書として、ほとんどの将兵に配布されることとなった。

その後、太平洋戦争が始まると、辻は南方の専門家として、山本奉文中将率いる第25軍第5師団の作戦参謀となった。

この第25軍は、日本の重要拠点であるマレー半島攻略を任されており、辻は兵士たちと共に最前線に立ち、敵陣突撃や奇襲戦法といった強引な戦術によって、開戦からわずか70日でマレー半島全土を制圧する。

こうしてマレー作戦を終えた辻は、１９４２年の3月に日本に呼び戻され、大本営作戦班長に抜擢された。

バターン半島を攻略し、歓喜する日本軍。作戦を指導した辻は〝作戦の神様〟と称えられた。

ここで、普通の人物であれば安全な日本本土に居座りそうなものだが、辻は違った。苦戦を続けるフィリピン方面軍に苛立った彼は、作戦指導をするため単身フィリピン戦線へと向かったのである。

そして、辻が戦闘の指導を施したフィリピンの第14軍は、１９４２年４月の総攻撃でバターン半島の攻略に成

辻の出身地石川県旧江沼郡東谷奥村（現在の加賀市）に建てられた辻の銅像
（©Namazu-tron and licensed for reuse under this Creative Commons Licence）

功した。これらの功績によって、辻は〝作戦の神様〟として尊敬されるようになったのである。

現在も消息は不明

しかし一方で、辻はその凶暴な一面もシンガポールではのぞかせていたようだ。

１９４２年２月の日本軍によるシンガポール攻略後、彼は華僑を潜在的な敵性勢力として徹底的に弾圧。諸説あるが、最低でも６０００人を殺害したとされている。

また、フィリピン戦のバターン攻略時も、辻は捕虜を全員射殺すべしと進言したが、これは師団長に拒否され、師団長を「軟弱者」と蔑み憤慨したといわれている。

さらにその後、辻は１９４２年８月のガダルカナルの戦いにも関与したが、戦力の逐次投入や無謀な銃剣突撃の強要などで完敗の原因を作り、こうした失態から、「作戦の神様」の名は完全に地に堕ちてしまった。

そして日本の敗戦後、各戦線では武装解除と共に問題のあった将兵の裁判が実行され、判決により多数の将校が犠牲となっていった。

そんな中、ガダルカナルで負傷していた辻は中国とビルマを転戦した後、タイのバンコクで終戦を迎え、敗戦を知ると7人の部下を引き連れ僧侶に変装させ、軍を脱走した。

そして、連合軍の追っ手が迫ると、辻たちはメコン河を渡って仏印へ逃げ、その後は中国国民党に身を寄せたが、国民党が衰退し始めると再び脱走を企て、結局、1948年に帰国した。

辻たちはそのまま各地に潜伏していたが、1949年に辻の戦犯指定が解除されると、翌年に逃亡中の記録である「潜行三千里」を出版し、ベストセラー作家の仲間入りを果たした。

さらに辻はこれに満足せず、1952年には衆議院選挙に出馬。見事に当選し、1959年には参議院に鞍替えしている。

さて、冒頭に記したように、現在辻の評価は真っ二つに分かれている。さらに戦中においても、「国軍の至宝たり得る人物」と絶賛する人もいれば、「協調性がなく、自分勝手で自我が強過ぎる」と酷評する人もいた。

そんな辻は1961年、参議院議員としてラオスへ視察に出かけた途中に消息を絶った。

ゲリラに射殺されたとも、事故や災害に巻き込まれたともいわれるが、詳細は現在なお不明のままだ。人物像に関する評価を証明するかのように、最後の最後まで辻はミステリアスな人物だったといえるだろう。

日本軍の謎
vol.25

【連合艦隊司令長官】山本五十六は本当に名将だったのか？

今なお評判の高い「名将」

太平洋戦争時、日本を代表する提督としてその名を轟かせ、現在でも高い知名度を誇る海軍軍人・山本《やまもと》五十六《いそろく》。

戦前は日米開戦に強く反対していた一人であったが、開戦が不可避であることを知ると、連合艦隊司令長官となり、海軍を指揮することになった。

そして、世界でいち早く航空機の戦術的価値に気づいていた山本は、航空機を主体に真珠湾攻撃を成功させるという多大な戦果を挙げており、その評判は今なお非常に高い。

実際、「最後まで戦争に反対した海軍の良心」「航空主義に目覚めた先見性のある将軍」「真珠湾攻撃を成功させた立役者」といった賛辞をもって、非の打ちどころのない名将として評されている。

また、苦戦や失敗した理由ですら「大鑑巨砲主義者や無能な大本営に足を引っ張られたから」などといわれ、山本の責任だとはみなされないことも少なくない。

さらには戦記小説などにおいても、華麗に艦隊を指揮して米軍を蹴散らすヒーローとして描かれていることが多い。

しかし、名前だけが一人歩きし、必要以上に英雄視されているのも事実である。その行動を客観的に見た場合、山本五十六のイメージが誇張されていることに気づくはずだ。

戦争反対派から主戦派へ？

山本五十六

戦前、海軍次官だった山本は、盟友の井上成美《しげよし》軍務局長、米内光政《よないみつまさ》海軍大臣と協力して日独伊三国軍事同盟反対運動に精を出していた。

この反対運動のおもな理由は、「三国同盟を結んだら必ずアメリカと戦うことになる。日本はアメリカには勝てないから、絶対に阻止しなければならない」というものだった。

しかし、彼らのこうした努力も空しく、近衛《このえ》文《ふみ》麿《まろ》内閣の手により１９４０年に三国同盟は締結され、日米開戦は決定的となってしまう。

その直前、司令長官に出世していた山本は近衛に呼び出され、「君たち海軍は、日米戦の見通しは立てているのか」と尋ねられた。

これに対し山本は、「やれとおっしゃるのでしたら、半年や1年は暴れてみせましょう」と答えた。

このときはすぐに、「ですが2、3年後は確信が持てません。なのでどうか、戦争回避に尽力してください」と釘を刺しているが、その翌年になると、「1年か1年半は暴れてみせます。必要ならば飛行機や潜水艦にも乗って、太平洋を飛び回って戦いましょう」などといったとされている。

このように、山本は同盟締結前は絶対に戦ってはならないと主張していたにもかかわらず、戦争が不可避と知るや開き直ったかのように主戦派のような言動を取るようになった。

実際のところ、山本がどのように考えていたかは不明だが、そのような態度は盟友から反感を食らい、井上は戦後、「あんな景気のいいことをいったら、相手がやる気になるだけだったのに」と嘆きの声を漏らしたという。

大の博打好き

そんな山本は、大の博打好きとしても有名だった。その気質は提督として提案する戦術にも表れ、航空機による真珠湾奇襲と戦艦部隊壊滅という大博打を見事に成功させる。

また、その数日後には、日本海軍の航空隊がイギリスの戦艦２隻をマレー沖で撃沈させた。当時、航空機による戦艦撃沈は不可能といわれており、山本をトップとする海軍は、まさに戦史に残る偉業を成し遂げたといえる。

しかし、その裏で山本が幕僚たちと戦艦撃沈を巡って賭けを行っていたことはあまり知られていない。

確かに戦艦は撃沈できたものの、航空隊の被害がゼロだったわけではない。零戦や艦爆隊が対空砲火にさらされながらも必死に戦っていた一方で、山本は彼らの戦いを賭け事の材料にしていたのだ。

しかも山本の博打が成功したのは、結果的には、先に述べた真珠湾とマレー沖が最後だったのである。

山本が打った次の博打は、１９４２年６月のミッドウェー海戦だった。真珠湾の成功に気を良くした彼は、その翌日からハワイ攻略を本気

マレー沖海戦時、日本軍の航空機による攻撃を受けるイギリス戦艦

アメリカ軍による爆撃を受けて炎上する空母「飛龍」

で考え始めていた。

その下準備として、山本はミッドウェー攻略作戦を立案。反対意見が出ると、「案が通らなかったら長官を辞任する」と脅しをかけてまで押し通した作戦だったが、この博打は作戦の不備と情報の漏洩によって大負けし、主力空母4隻を失う大損害を被ってしまう。

この海戦の後、山本は敗戦の責任をうやむやにしただけではなく、大本営の戦果捏造すらも黙認した。ミッドウェー以前は、「たとえ負けても真実を発表すべき」と、口が酸っぱくなるほどいっていたにもかかわらずである。

相性や好みを最優先

また、山本には博打を好むという性質だけではなく、部下を抜擢するにあたり、その能力よりも自分との相性や好みを優先するという一面もあったといわれている。

そんな山本に最優先で抜擢されたのが「航空主義者」たちであり、中でも一番山本に重宝されたのが、連合艦隊先任参謀の黒島亀人《かめと》という人物だった。

彼は常識にとらわれない優れた発言を繰り返したエリートではあったものの、数々の奇行を繰り返す変人としても知られていた。それでも、山本は黒島を「ガンジー」と呼び、大事に扱ったのである。

よって、たとえ黒島が失敗したとしても、「黒島君でも失敗することはある」などと擁護し、他の参謀から反論が続出した際も、「何かが起こったとき、ここにいる全員が同じ答えを出すが、黒島君だけは違った角度から答えを出す。これはとても重要なことなのだ」などといって庇ったという。

これについては、確かに山本のいうことにも一理あるが、単なるえこひいきだったとも思える逸話だといえるだろう。

さらに山本は、ミッドウェー作戦前に愛人へ送った手紙の中で軍の情報について触れていたという話もあり、このあたりからも、自分の大事にしている人々に対しては少々ガードが緩すぎるように思える。

そんな山本は、ブーゲンビル島への視察帰りに、米軍機の奇襲を受けて戦死した。

奇襲を受けた原因は、視察の情報が漏れていたことだったが、「もっと護衛をつけたほうがいい」という部下の助言を受け入れず、たった6機しか護衛をつけなかったこともまた、原因の一つだったといわれている。

日本軍の謎
vol.26

【山下奉文】上層部に翻弄された「マレーの虎」とは？

二・二六事件後に左遷

太平洋戦争の開戦当初、自ら軍を率いて南方へ進撃し、何万という敵軍を蹴散らしたうえ、難攻不落と名高い要塞すら攻め落とした将校がいた。

それが陸軍大将の山下奉文《やましたともゆき》である。

山下は、1885年に高知県長岡郡の医師の息子として誕生した。家庭はさほど裕福ではなかったものの、高等小学校に入学するとその才能が開花。陸軍幼年学校へと進み、その後は陸軍大学校をトップクラスの成績で卒業する。

そんな山下は、陸軍の有望株として周囲から注目されつつあったのだが、「二・二六事件」を通じて、その運命は大きく変わることとなる。

陸軍内で「皇道派」という派閥の幹部だった山下は、二・二六事件における反乱軍も皇道派の若手将校が中心だったため、彼らを擁護する発言ばかりを繰り返していた。

しかし、事件は昭和天皇の意見によって鎮圧され、一連の発言により山下は陸軍に監視される立場となった。しかも、昭和天皇の機嫌まで損ねてしまったのである。

こうして、山下は陸軍上層部の命令により、朝鮮へ左遷されることとなってしまう。

〝マレーの虎〟の誕生

その後、1941年に太平洋戦争が勃発すると、山下は第25軍の司令官に任命され、南方の激戦地に送られた。その戦場は、東洋におけるイギリス軍の根拠地・マレー半島である。

山下奉文

この半島は深いジャングルが1000キロ以上も続く天然の要塞で、苦労の末にジャングルを抜けても、「東洋のジブラルタル」と呼ばれ、恐れられていたシンガポールがあった。

そして、イギリス軍の兵力は8万を超えていたのだが、山下は強攻に次ぐ強攻を重ね、このマレー半島のほとんどを、なんと3万5000の兵力で制圧してしまったのである。

さらに山下の勢いは止まらず、シンガポールへ

シンガポール戦の降伏談判の様子。山下がイギリス人将校を恫喝したというエピソードが有名だが、このエピソードは新聞による脚色で、事実とは異なると山下自身は日記に記している。

と進攻して水源を破壊したことが決め手となり、イギリス軍は戦闘継続を断念し、日本軍に降伏した。驚くべきことに、これは開戦からわずか70日足らずでのできごとだった。

ところで、この山下のマレー半島における快進撃において、最も有名なエピソードが「イエスかノーか？」の逸話だろう。

これは、降伏談判の最中、意気消沈していたイギリス人将校に対して山下が、「降伏するか？イエスかノーか？」と机を叩いて恫喝したというものだが、実は、このエピソードは事実を脚色したものだといわれている。

山下の日記によると、通訳が意思疎通をうまくできず交渉が進まなかったことに腹を立てた山下が、「まずは降伏する意思があるかどうかを（イギリス人将校に）伝えてほしい」という意味で日本側通訳に対して言った言葉を、通訳が大声で繰り返したというのが事実らしい。

ともあれ、このようにマレーを短期間で制圧した山下の武勇は国内外に響き渡ることとなり、日本の新聞からは〝マレーの虎〟と評されるにいたったのである。

フィリピン戦の敗北

こうして英雄の仲間入りを果たした山下だったが、その栄光は長続きしなかった。シンガポールの戦いの後、山下を待っていたのは満州方面への転属命令だった。

この左遷にも近い命令を下したのは、一説には東条英機だといわれている。左遷の理由は、「統制派」だった東条が、元皇道派である山下の活躍を疎ましく思い、これ以上の武功を挙げぬよう後方へ送ったものとされている。

その後、山下が再び南方へと舞い戻ったのは１９４４年のことだった。アメリカ軍のフィリピン襲来が確実となったため、陸軍がマレーの虎に一縷の望みを託したのである。

だが、山下はフィリピンの地において、マレーでの快進撃を再現することはできなかった。

この戦いで山下は、敵が上陸したレイテ島を放棄し、大軍を展開しやすいルソン島で決戦に持ち込もうと考えていたのだが、その計画が大本営のせいで台無しになってしまったのである。

山下が南方軍隷下の第14方面軍を指揮していた最中に起きた台湾沖航空戦において、実際の戦果が微々たるものだったにもかかわらず、大本営は航空攻撃で敵艦隊を全滅させたと誤

軍事裁判にかけられた際、法廷内での山下

報を流した。

これを信じた南方軍司令部は、急遽山下にレイテ島への移動を命令。艦隊を倒したならば、敵の援軍はこないと考えたためだ。

これに対し、大本営が伝えた戦果を疑問視していた山下は移動に反対したのだが、それでも司令部はレイテへの移動を強行した。

その結果、実際は無傷だった敵艦隊に日本軍の輸送船は次々と沈められてしまった。また、レイテ島の陥落後にルソン島も戦場となったが、方針変更の混乱が収まりきっていなかったため、まともに戦えなかった日本軍は全滅。加えて、その何倍もの民間人も犠牲となった。

〝虎〟の意外な一面

さて、フィリピン戦における敗北後も、山下は山岳地帯でゲリラ戦を展開していたが、1945年9月に敵軍へ降伏した。

降伏後、山下の身柄はフィリピンのモンテンルパ刑務所に移され、軍事裁判にかけられる。そして、ルソン島での民間人の犠牲をはじめとする戦争犯罪を問われ、弁護人の努力も空しく、山下には絞首刑の判決が下ることとなった。

処刑執行の数十分前、山下は教戒師に遺書を書いている。そこに書かれていたものは、戦後の日本に対する山下の願いであり、「倫理観の再興と道徳的判断力に基づく義務履行」「科学技術教育の発展」、そして「女性教育水準の向上」などについて触れられていた。

また、山下は、貞節を重んじる日本女性の姿勢を、最高の道徳だと考えていたようだ。

さらに彼は、母親は子供を産むだけではなく、平和と協調性を愛し、確固たる意志を持った強い人間になるよう子供を育て、正しい道へと導くのが役割などとも主張し、その一番の道しるべは、母親の愛だとも述べている。

そんな山下の遺書は、こんな言葉で締めくくられる。

「これが皆さんの子供を奪った私の最後の言葉であります」

〝虎〟と呼ばれた山下だったが、その遺書からは、子供たちを大事に思い、また、女性の権利を重要視するフェミニストであったことがうかがえる。仮に山下が処刑されていなければ、政治家や教養人など、なんらかの形で戦後社会に貢献していたかもしれない。

山下に対する処刑は、1946年2月にマニラ郊外で行われた。ちなみにこの際、山下は勲章も軍服もすべて剥奪され、囚人服姿の状態で刑に処されている。

日本軍の謎
vol.27

【嶋田繁太郎】海軍きっての嫌われ者だった海軍大将とは？

悪名高き海軍大将

「海軍大将」とは、「大将」という名の通り、海軍軍人の最高階級であり、日本における海軍大将は総勢77名を数える。

そんな海軍大将の中で、最も評判が悪いといえる人物が、嶋田繁太郎《しまだしげたろう》だ。

１８８３年、東京で生まれた嶋田は１９０４年に海軍兵学校を卒業。山本五十六とは同期にあたる。

１９０５年、日露戦争における日本海海戦で、巡洋艦「和泉《いずみ》」に乗務した嶋田は、１９１５年に海軍大学校を卒業した後、１９１６年から19年まで駐イタリア大使館付武官として勤務し、軍令部に在籍した。

そして、１９２３年に就任した海軍大学校教官を経た後、艦長や軍令部班長、鎮守府司令長官などを歴任し、１９４０年、海軍大将に昇進。

さらに、その翌年の１９４１年10月、東条英機に請われ、嶋田は海軍大臣に就任することとなったのである。

不戦論者から主戦論者へ

この当時、米英との戦争を強く望む陸軍に対し、海軍は「開戦回避」を望んでいたとされる。特に、山本五十六、井上成美《いのうえしげよし》、米内光政《よないみつまさ》らは、「日本の国力では、アメリカに勝てない」と強く主張し、「日独伊三国同盟」にも反対を表明していた。

嶋田繁太郎

ただ、海軍の中にも主戦論者がいなかったわけではない。

開戦の5年前、海軍中佐だった石川信吾は、ヨーロッパ出張の際の報告書で「ドイツに続いて日本も参戦すべし」という持論を展開しており、その他、石川と同じ40歳前後の将校たちの中にも、反米英・親ドイツの感情を持つ者は多かったという。

そんな海軍の中にあって、嶋田も当初は不戦論者だった。さらに、政治についても疎かった彼は、

1941 年 10 月 18 日に発足した東条内閣。後列左端が海軍大臣として入閣した嶋田。

東条から海軍大臣への就任を打診されたときも、実は最初は断っている。

そんな嶋田の意思を変えたのが、伏見宮博恭王《ふしみのみやひろやすおう》である。

反米主義者で開戦論者だった博恭王は、海軍内の主戦論者たちから崇敬を受けており、カリスマ的な立場だった。

この博恭王から嶋田は可愛がられており、海相就任に関しては、博恭王の圧力があったとされている。

こうして、仕方なく東条内閣で海軍大臣の任を担うことになった嶋田だが、政治の駆け引きはやはり分からない。

そんな中、「速やかに開戦せざれば戦機を逸す」という博恭王の言葉や、開戦に至れば、海軍内で不足がちだった石油や資材も手に入るという思いもあり、嶋田は陸軍と協調する決心をする。

そして、1941年10月30日に海軍省の幹部たちを呼んだ嶋田は、「この際戦争の決意をなす」「海相1人が戦争に反対したため戦機を失しては申し訳ない」などと決意を述べ、太平洋戦争の開戦に同意したのだった。

頼りにならない海軍大臣

しかし、海軍大臣としての嶋田の評判はすこぶる悪かった。

それは、東条首相に追従するかのような彼の態度に起因しており、海軍内では「嶋田副官」、果ては「東条の男妾」とまで揶揄されるようになる。

また、1944年には東条が参謀総長を兼任したのに合わせ、嶋田も軍令部総長を兼任したものの支持されず、さらに、航空機の配分についても陸軍にいいようにやられてしまったため、陰で「嶋田のバカ!」と罵られるほど、海軍における彼の評価は地に落ちた。

そんな中、戦況が悪化し始めると、東条首相に対する風当たりが強まっていく。

だが、性格上、物事を途中で投げ出すことのできない東条は首相の辞任を拒否した。

それでもなお、東条内閣倒閣のための動きは続き、岡田啓介海軍大将は嶋田海相の辞任を画策した。

嶋田を辞任させた後、海軍からの後任候補を送らなければ、内閣は総辞職せざるを得ないという事情を利用したのである。

前記のような海軍の思惑に屈した東条は、結局、嶋田の辞任を承認した。その後、海軍は

巣鴨プリズン（東京裁判で戦犯容疑をかけられた者が収容された拘置所）内での嶋田と東条（写真引用:『写真秘録　東京裁判』）

予定通り入閣者を出さず、やむなく東条内閣は総辞職することとなったのである。

こうして、海軍大臣としての務めを終えた嶋田は、軍令部総長も辞任することとなった。

そんな嶋田は終戦後、A級戦犯として東京裁判に出廷を命じられている。

そしてこの際、死刑を免れないという大方の予想を覆し、彼は終身刑の判決を受けたのだが、これは巧みな自己弁護が功を奏した結果だといわれている。

嶋田と東条は似ていた?

さて、ここまで述べてきたように、嶋田繁太郎という人物は、海軍大将、さらに海軍大臣といった要職を務めながらも、ほとんど成果を挙げることができなかったといえる。

そんな彼は、海軍内において「陸軍寄り」と陰口を叩かれ、さらには、「ズベ」（だらしのない奴）というあだ名が与えられるほど軽視されていた。

ただ一方で、作戦の立案力に関しては優秀だったともいわれている。

そのため、歴史家たちの間では「山本五十六が海軍大臣で、嶋田が連合艦隊司令長官だったらもう少しは戦えたかもしれない」などと語られることもある。

要するに嶋田は、政治の世界には向かない人物だったということだろう。

実際、神官の家系に生まれた嶋田は、毎朝の参拝を日課としていて、日々の職務を規則正しくこなし、自己主張がなく、酒も飲まず、財界人とも付き合わない真面目な人物だったといわれている。

要するに、政治家特有の生臭さは、微塵も感じることができないということだ。

こうした点を見れば、嶋田は東条英機と似た役人タイプであり、だからこそ、東条は彼を厚遇したと考えることもできる。

すなわち、戦争が激化していたころの日本を牽引していた政治家は、「小役人気質」の東条・嶋田コンビだったともいえるのである。

嶋田にせよ東条にせよ、今日における評判は決して良いものではないが、そんな彼らを日本のトップに据えた周囲の人々にも、責任があったといえるのではないだろうか。

各家庭が時局標語を書いた旗を掲げた大阪・天王寺区の隣組。1940年10月ごろの写真。（写真引用元：「朝日歴史写真ライブラリー　戦争と庶民 1940 ～ 49　①大政翼賛から日米開戦」）

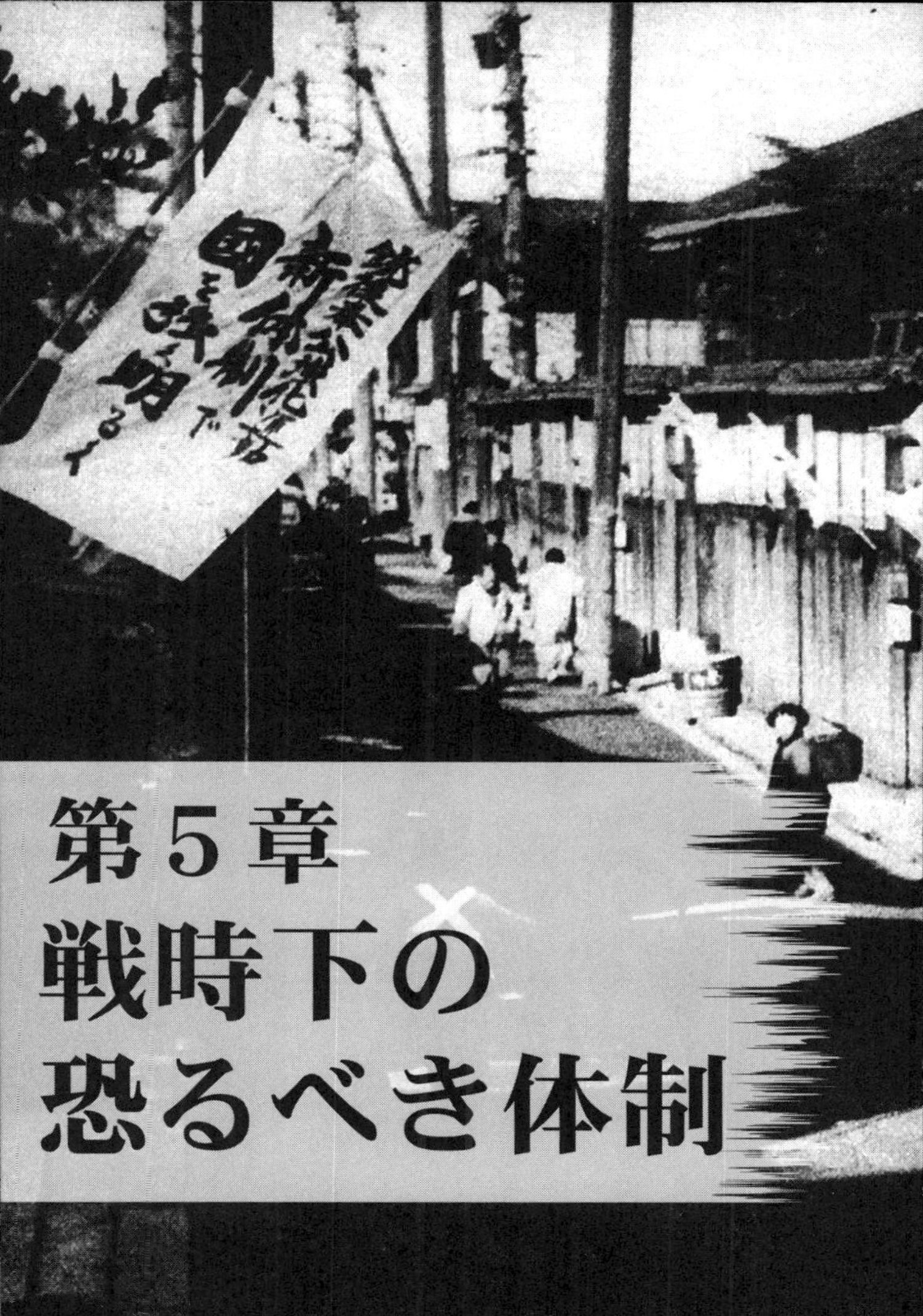

第5章 戦時下の恐るべき体制

日本軍の謎
vol.28

戦前・戦中に制定された三つの悪法とは？

【治安維持法・国家総動員法・国防保安法】

揺らぎ始めた「自由な日本」

明治から昭和にかけての日本といえば、法律が厳しくて自由がなく、いいたいこともはっきりとはいえないような社会だったと思っている方が多いかもしれない。

しかし実際には、意外と言論の自由は守られ、議会政治も発展し、現在ほどではないにせよ民主主義も浸透していた。

こうした傾向が特に顕著だったのが大正時代であり、これがいわゆる「大正デモクラシー」である。

その原因としては、日清戦争、日露戦争、第一次世界大戦という一連の戦争に対する勝利とそれに伴う国民の自信昂揚、そして、都市の発展や教育の充実による知識階級の増加などが挙げられる。

さらに、中国清王朝を打倒した辛亥革命、ロシア帝政を倒したロシア革命など、海外で革命が相次ぎ、日本国内でも「市民の力によって国家体制を変えることができる」という考えが浸透していた。

そんな中、こうした革命思想を破棄させ、共産主義革命を防止すべく制定された法律が「治安維持法」である。

総動員法案けふ成立
貴院本會議に緊急上程
原案通り可決
修正案は否決
對支兩會社案

「国家総動員法」の法案成立を報じる新聞記事
（東京朝日新聞夕刊 1938/3/25）

民衆の社会運動を懸念した政府

1917年、ロシア革命が成功すると同時に、日本でも共産主義思想が広まり始めた。

そして、1918年には米価の急騰に対する住民暴動「米騒動」が起こり、当時の寺内正毅《まさたけ》内閣を総辞職に追い込んだ。

このように、一部の知識人だけでなく一般民衆にも社会運動の機運が高まってきたことに危機感を抱いた政府は、1922年2月に「過激社会運動取締法案」を議会に提出した。

その内容は「無政府主義や共産主義などの結社や

宣伝、勧誘を禁止する」というものだったが、「無政府主義者」「共産主義者」の法的定義が曖昧で、また、制限つきではあるが帝国憲法でも定められた「結社の自由」に反する恐れがあるなどの理由で廃案となった。

だが、1925年1月にソ連との国交が樹立すると、共産主義革命運動の激化を懸念した政府は「過激社会運動取締法案」を修正して、再度議会に提出した。

これが3月7日に可決され、4月22日に公布。そして、「治安維持法」として5月12日に施行されることとなったのである。

厳罰化する治安維持法

成立当時の治安維持法は、「国体の変革、または私有財産制度の否認を目的として結社を組織し、または加入した者は10年以下の懲役または禁錮に処す」旨を中心としていた。

だが、施行から3年後の1928年の同法の改正では、「国体の変革」を目的とする結社やその役員、および指導者についての最高刑が死刑となった。また、組織に加入しなくても、「結社の目的を遂行するための行為」を行った者も、加入者と同等の処罰を受けることになる。

この厳罰化により、共産主義に代表される左翼運動はもとより、新興宗教や自由主義運動、極右組織にまで摘発の輪は広げられ、1945年の同法の廃止までに、7万人以上の人々が逮捕されている。

そのうち、起訴されたのは約5000人で、植民地だった朝鮮などでは死刑が執行されているものの、日本内地では治安維持法違反だけを罪状として死刑になった者はいないとはいえ、過酷な取調べ中の拷問やリンチで命を落としたり、もしくは獄中で病死した者は多く存在し、その中には「蟹工船」の作者、小林多喜二も含まれている。

大日本帝国の社会主義化

1931年、日本と中華民国の武力紛争である満州事変が勃発。やがて日中戦争へと発展する中で、1938年に近衛文麿内閣のもと、国民を国家が強制的に統制できる法律が制定された。それが「国家総動員法」である。

治安維持法違反で逮捕され、拷問の末、命を落とした「蟹工船」の作者・小林多喜二

その概要は、「人や物資など、戦争を進めるにあたって必要なものはすべて政府が統制運用でき、さらに金融業や企業、新聞や出版などのマスコミも政府の命令に従わざるを得ない」というものだった。

ゾルゲ事件の首謀者であるリヒャルト・ゾルゲ（左）と尾崎秀実（右）。国防保安法違反などの罪に問われ、死刑に処された。

つまりこれは、国家があらゆる財産を自由にでき、私有財産を制限するという「社会主義的発想」であり、政府は大日本帝国を「社会主義国家」に仕立て上げようと図ったといっても過言ではない。

当然ながら企業側の反発は強く、この法律案が上程された2月24日の衆院本会議では、経済界に近い立場の政党議員が政府に詰め寄り、マスコミも「国がなんでも勝手放題にできる法律」などと批判した。

しかし政府は「戦争目的達成のため、国力を動員するものであり、軍事の充足のみならず、国民の生活を庇護し、経済の運用を円滑にする制定」だとして反発を突っぱね、結局、4月1日に公布された。

この法律により、国民は否応なく戦場に駆り出され、女性や子供も工場などに配属され、食料や生活必需品は配給制となり、鉄などの金属は接収され、苦しい生活を強いられることになったのである。

国民を支配した三法

さらに1941年3月には、国家機密の漏洩、諜報活動、治安に悪影響をおよぼす情報などの流布、国民経済の運行の妨害などを取り締まる「国防保安法」が公布される。国防保安法の最高刑は死刑。日本を揺るがせた、ドイツ（ソ連）人スパイ事件「ゾルゲ事件」の犯人たちも、この法律に違反した罪で処刑されている。

また、先に述べた治安維持法もこの年の5月にはさらに厳罰化され、従来の法に反する結社だけでなく、「その組織を支援する結社」や「組織の準備を目的とする結社」まで禁止され、官憲が「準備を行っている」と判断すれば、誰でも検挙できるような状態になった。

こうして、自由だったはずの日本は、本項で紹介した治安維持法、国家総動員法、国防保安法のために、非常に息苦しい国家になってしまったのである。

治安維持法で思想と組織を取り締まり、国家総動員法で国民を政府の意のままに操り、国防保安法で「スパイの疑いがある」とされる人々を取り締まる——全国民を国家の支配下に置き、自由の存在しない生活を強いて、時には生命すら奪うというこれら三つの法律は、まさに「天下の悪法」だったといえるだろう。

日本軍の謎
vol.29

【日独伊三国軍事同盟】

「はみだし者」の三国が結んだ同盟とは？

陸軍が唱えたドイツへの接近

１９３３年に国際連盟を脱退した日本は、国際社会から孤立していった。そして、多くの資源を輸入に依存する日本にとって、この孤立は国家の崩壊にも繋がりかねない大問題だった。

こうした状況下で日本陸軍が唱えたのが、同じく国連を脱退したドイツとの関係の強化だった。

ドイツに目をつけた理由は、共に仮想敵国がソ連だったからで、陸軍は、両国の利害が一致すると考えたのである。

しかし、一方のドイツの軍部や外務省には親中派が多く、対中関係を悪化させていた日本との接近については、消極的な姿勢を見せていた。

そんな中、日独間の交渉が始まったのは、１９３５年のことだった。

当初はドイツが乗り気でなかったため協議は難航した。それどころか、ドイツは裏で対中交渉を進め、日本と敵対する意思すら見せ始めていたのだが、そんな状況を打開したのが、あのアドルフ・ヒトラーだった。

ドイツの外交アドバイザーであるヨアヒム・フォン・リッベントロップからの助言により、ヒトラーは親日路線を決定したのである。

「日独伊三国軍事同盟」の調印式に向かう日本の来栖三郎大使（左）、ドイツのヒトラー総統（中）、イタリアのチアーノ外相（右）

軍事同盟を巡る陸海軍の攻防

こうして１９３６年11月、ベルリンで「日独防共協定」の調印が行われることとなる。

ただしこれは、ソ連のみを対象とした相互防衛協定でしかなかった。

つまり、一方の国が対ソ開戦に踏み切った場合には、もう片方も宣戦布告するか、中立を保って一切の援助をせず、ソ連相手の政治条約も勝手に結んではならないというものであり、しかもこれは、強制力のない形だけの協定でしかなかったのである。

それから約１年後の１９３７年11月、ファシズム

「独ソ不可侵条約」に調印するソ連のモロトフ外相

国家であったイタリアのムッソリーニ大統領が日本・ドイツの2国に擦り寄り、イタリアも防共協定に加わることになった。これにより、先の協定は「日独伊防共協定」に姿を変える。

その後、対英戦を視野に入れていたドイツは、防共協定を正式に「軍事同盟」とし、協定の範囲を対英戦にまで拡大させようと申し出た。

このときのドイツの本音としては、日本をアジアの植民地へ進軍させ、ソ連だけでなくイギリスの意識もアジアへ向けさせたいというものだったが、ドイツ軍の強さしか見ていなかった日本陸軍は、すぐにこの同盟案に飛びついた。

ところが、そんな陸軍を待っていたのは海軍からの批判の嵐だった。ドイツに呼応してイギリス植民地に攻め込めば日米関係は悪化し、最悪、日米開戦もあり得るだろうという理由から、親米派の海軍将校が、こぞって同盟案に反対したのである。

そして、海軍の反対以上に陸軍を追い詰めたのが、1939年の「独ソ不可侵条約」だった。日独防共協定違反ともいえる、突然のソ連との和解という行動に出たドイツを目にし、当時の首相・平沼騏一郎《きいちろう》も「欧州情勢は複雑怪奇」という言葉を残して総辞職してしまう。

結果、同盟案は事実上破棄となってしまい、この時点では、三国同盟を巡る陸軍対海軍の攻防は、海軍の勝利に終わった。

ドイツの快進撃

１９３９年9月、独ソ不可侵条約によりソ連という脅威を取り除いたドイツは、ポーランドへ侵攻する。ここに第二次世界大戦の幕が切って落とされた。

戦争開戦以後、ドイツはポーランドの分割占領を皮切りに、デンマーク、オランダ、ベルギー、ルクセンブルクなどを次々と占領する。

そして、翌年6月にはパリを支配下に置きフランスを占拠。さらに、イギリスへ対する本土空爆も始まり、ドイツ軍のヨーロッパ制圧は時間の問題であるかのように思われた。

このようなドイツ軍の快進撃を見て、一番驚いたのが日本だった。

陸軍と対米派の海軍将校は、「勢いのあるドイツは、いずれアジアへ進出してくるに違いない。そうなる前にドイツと手を組み、日本の有する南方植民地の所有権を認めさせなければならない」「ドイツの強さを後ろ盾にすれば、中国やアメリカを牽制できるかもしれない」などと考え、再びドイツとの同盟締結に動き始める。

そして、１９４０年7月22日に第二次近衛内閣が成立したのだが、この内閣における最重

「日独伊防共協定」のプロパガンダ絵葉書。「仲よし三國」と書かれ、近衛首相、ヒトラー、ムッソリーニの写真も掲載されている。

要議題は、むろん同盟の締結についてであった。

第二次近衛内閣は、その発足直後に「時局処理要綱」を策定し、親独路線と南進政策を正式なものとした。

そしてその後の9月27日、ベルリンにて、「日独伊三国軍事同盟」は締結されたのである。

三国軍事同盟の招いた悲劇

強大なドイツ軍、そしてイタリアと手を組んだことで、アメリカも強気には出られないだろう——日本の同盟推進派は、このように考えた。

だがアメリカは、むしろ、ヒトラーと手を組んだ日本をこれまで以上に敵視するようになってしまい、アメリカのルーズベルト大統領は国民に対し、ラジオ演説で以下のように語った。

「三国が目指す関係は、全人類を支配し奴隷化するための、権力と金に汚れた邪悪な同盟だ。

この戦いは、ファシズムと民主主義が雌雄を決するものである」

この瞬間、世界の民主主義陣営とファシスト陣営の対立は、決定的なものとなったのである。

だが実は、こうした日米の動きは、ドイツにとって計算外だった。ドイツが日本に求めていたのはイギリスとソ連への牽制であり、アメリカを戦争に巻き込むことではなかったためだ。

だが、日本はソ連とではなく、アメリカと事を構えてしまった。つまり結果として、日独伊三国軍事同盟の締結は、「アメリカの参戦」という最悪の事態を招いてしまったのである。

その後、1943年に連合国に降伏したイタリアは、なんとドイツに対して宣戦布告し、同盟を破棄した。

そして、1945年5月にはドイツが、8月には日本が連合国に降伏したため、日独伊三国軍事同盟は消滅した。軍事同盟を結んだまではよかったものの、特に日本とドイツの間では、まともな支援も援軍もできないまま、共に連合国に撃破されてしまったのである。

これは、単に両国が地理的に離れ過ぎていたためではなく、両国の思惑が大きくすれ違っていたためであるように思える。

つまり、日独伊三国軍事同盟というのは、「同盟」とはいうものの、決して固い信頼関係の上に成り立っていたわけではなく、いわば、「砂上の楼閣」に過ぎなかったのである。

日本軍の謎
vol.30

戦時体制で国民生活はどう変わったのか?

【新体制運動と大政翼賛会】

新体制運動の開始

世界恐慌後の欧州において、多くの国々が大不況から脱却できない中、ドイツ、イタリアといったファシズム国家や、ソ連のような共産主義独裁国家はいち早く立ち直り、経済的に復興しつつあった。

また、世界の知識人や政治家の中にも、ファシズムや共産主義に目覚める者が少なくなく、日本でもファシズムを国政に持ち込んだ人物がいた。それが時の首相、近衛文麿《このえふみまろ》だ。ナチスドイツの躍進に感銘を受けた近衛は、ファシズムこそが世界の主流となると信じ込んだのである。

また、その当時は日米関係が悪化し始めた時期でもあり、日本では、アメリカを倒して国を守ることのできる強い政治体制を求める声が高まっていた。

そこに目をつけた近衛は「バスに乗り遅れるな」(「時流に取り残されるな」という意)を

スローガンに人々を煽動し、有力な政治家たちを取り込んでいく。

こうして、後に「大政翼賛運動」と呼ばれる新体制運動が始まり、「大政翼賛会」が産声を上げたのだが、これにより、国民の生活は大きく変貌を遂げることとなるのである。

「大政翼賛会」の幹部たち

議会を掌握した大政翼賛会

１９４０年10月、近衛を総裁として大政翼賛会が結成されると、政党は次々と自発的に解散し、結社を禁じられていたものを除き、すべての政党が大政翼賛会の中に組み込まれていった。

さらに１９４２年になると、労働組合も解体され、「産業報国会」に再編させられた後に大政翼賛会の一部となった。

大政翼賛運動の目的はナチスのような一国一党体制の設立だったが、それと同時に、国内の政治力を一堂に集め、発言力を強める軍部に対抗できる勢力を作ることも目論んでいた。

「隣組」による炊き出しの様子。隣組とは、数軒の一般家庭を一組とする組織で、国民の相互監視や思想統制を図る大政翼賛会の意向によって制度化された。

ところが、当の軍部までもが大政翼賛運動に関与した結果、大政翼賛会は陸軍に乗っ取られ、すべての国民や物的資源を政府が統制運用できる「国家総動員法」の実践組織と化してしまう。

こうして、町内会でさえも「隣組」という末端組織によって相互監視させるなどし、全国民が大政翼賛会の監視下に置かれることになったのである。

このように、一般人をも利用して国民の動きを掌握した大政翼賛会だったが、「政党」ではなかったために政治活動はできなかった。

従って、政党は解散させたものの議員全員を味方につけたわけではなく、選挙の結果次第では逆転される可能性も大いにあった。

そこで大政翼賛会は「翼賛政治体制協議会」を結成し、1942年の総選挙に参加した。

さらに、組織に忠実な議員に援助をする傍らで、実践部隊の「大日本翼賛壮年団」を使って無所属の議員への激しい選挙妨害も実行した。その甲斐あって、全議席の約8割におよぶ、

381人もの議員が当選を果たしたのである。

この総選挙の大勝利の後、翼賛会派の議員は「翼賛政治会」を結成。こうして議会は完全に大政翼賛会の手に落ち、これ以降は軍部の方針を忠実になぞるだけの政治体制、いわゆる「翼賛体制」が国家運営の中心となっていったのである。

規制と弾圧の嵐

こうした一連の活動により、国民生活の監視態勢を完成させた大政翼賛会は、さらなる規制の嵐を巻き起こした。

それは石油に始まり、電気やガスの供給も制限され、綿や絹製品も貴重品として全面規制された。

また、鉄製品すら武器にするため徴用され、家庭用品への使用はもちろん、美容院でのハサミやカミソリの使用までもが規制されるという有様だった。

さらには、鉄だけでなく靴以外のありとあらゆる革製品も規制の網にかかり、食べ物も肉類は規制品となり、動物園ではライオンに日の丸弁当を食べさせるという光景が見られた。

こうして、物資を徹底的に規制した後は思想の取り締まりに目が向けられ、自由主義や共産主義のような政府に不都合な思想は、問答無用で弾圧されるようになる。

そして、報道にも必ず軍の検閲が入り、日本のジャーナリズムは滅び去った。

だが、これらの規制以上に酷いといわれるのが、１９４１年７月に施行された「国民優生法」である。

これは、先天的に病気を持つ幼児や精神障害者を審査し、男女問わずに断種するという法律だった。

親族や審査会委員長の申請がなければ実行できないことにはなっていたが、実質的に、政府は国民の生殺与奪の権すら握っていたことになる。

断種の判定に〝審査會〟
國民優生法けふ第一日

「国民優生法」施行にあたり、断種の判定に審査会が設けられたことを報じる新聞記事（朝日新聞 1941/7/1）

組織内の対立で分裂

ただ、そんな大政翼賛会も、決して一枚岩ではなかった。

大政翼賛会は左翼も右翼も、さらには社会主義勢力までをも取り込んだ巨大組織だったため、組織内における対立が恒常的に起きていたのである。

それでも、戦況が良かったころはかろうじて運営できていたが、戦局が悪化すると無所属議員が反旗を翻し、大政翼賛会に真っ向から反発するようになる。

そして1944年に小磯國昭《こいそくにあき》が総理に就任すると、彼は大政翼賛会とその関連組織の統廃合を進めようとした。

だが、これは大政翼賛会の意向を半ば無視して進められたものだったため、主要幹部と元翼賛壮年団の議員は小磯の方針に猛反発。結果として組織は大混乱に陥り、幹部や壮年団議員が次々と離脱していった。

その後、壮年団議員らは1945年3月10日に「翼壮議員同志会」を結成し、旧翼賛会幹部はこの翌日に「護国同志会」を結成した。

また、これらの推移を見守っていた他の議員たちも大政翼賛会を見限り、事態の収拾は不可能に近い状況にまで陥る。

こうして、大政翼賛会は3月に結成された「大日本政治会」と、6月に創設された「国民義勇隊」に分裂吸収されることとなったのである。

しかしながら、これらの組織も対立を繰り返し、日本の政治は混乱状態のまま終戦まで突き進むこととなる。

かくして、アジアのナチスを目指して進められた大政翼賛運動は、自滅という形で幕を閉じたのだった。

日本軍の謎
vol.31

【陸軍中野学校】帝国陸軍直轄のスパイ養成学校があった？

諜報戦の必要性

近代戦においては、もはや武力対武力だけでは、効率よく勝利を収めることが難しくなっていた。

強力な武器と多大な兵力、そして石油などの資源を確保できる国家であればまだ良いが、そうでない国は、まず情報を収集し、相手の状況を見極めて出鼻をくじく必要があり、場合によっては謀略によって敵を攪乱《かくらん》させなければならなかったのである。

そのために必要なのが「諜報部員」、すなわち「スパイ」だった。

スパイ活動が最も進んでいた国といえば、「情報局秘密情報部（通称「MI6」）」や「情報局保安部（通称「MI5」）」で有名なイギリスだ。

これは1909年、技術力はあっても資源に乏しかったイギリスが、それまでの「国家特務機関」の再編に伴い設立したものだった。

ちなみに、資源や兵力が豊富だったアメリカは、「中央情報局（CIA）」が第二次大戦後に設立されるまで、諜報活動の重要性をさほど認識していなかった。

そんな中、イギリスと同じく資源の乏しい日本でも、諜報部員を育成する学校が設立された。それが「陸軍中野学校」である。

現在の東京警察病院（東京都中野区）の敷地内に建つ「陸軍中野学校」の跡碑

「後方勤務要員養成所」の設立

実は、この中野学校が開設される以前の日本軍部にも、諜報活動を司る部署は存在した。しかしこれは、申し訳程度の「情報班」でしかなく、実際に外国の情報を収集していたのは各国大使館の駐在武官達だった。

そんな状況を危機的と見た岩畔《いわくろ》豪雄《ひでお》中佐や秋草《あきくさ》俊《しゅん》中佐は、陸軍省の上層部に対し、「秘密戦士」（スパイ）の養成所設立を掛け合う。だが、当時の陸軍はスパイ活動を「卑劣な作戦」と認識しており、重い腰を上げようとしなかった。

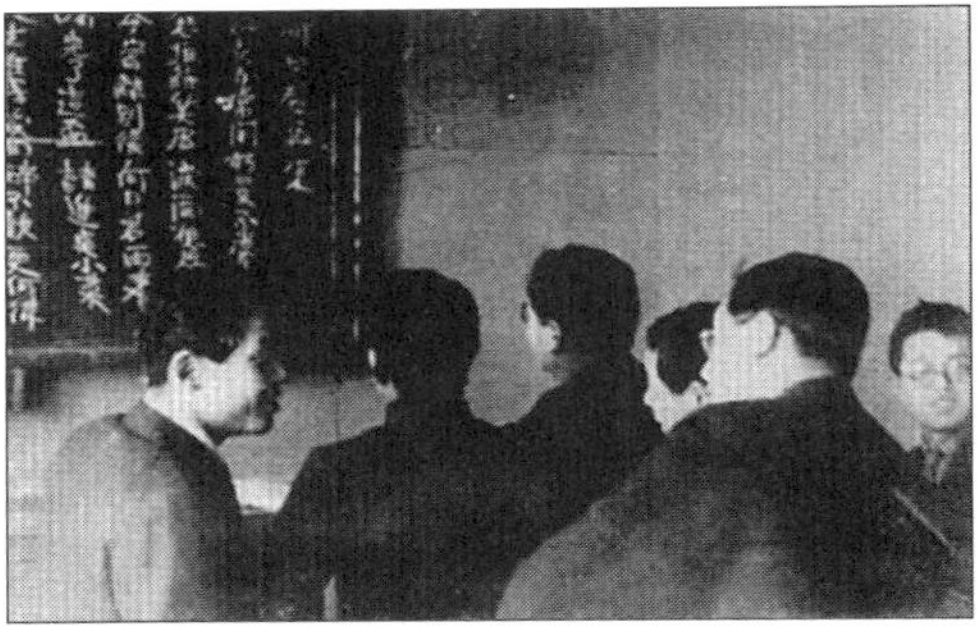

陸軍中野学校の授業中の風景。学生たちは坊主刈りを強制されていない。（写真引用：『陸軍中野学校の全貌』）

それでも、岩畔、秋草、そして福本亀治《かめじ》中佐らを中心とするメンバーの熱心な働きかけにより、1938年に「後方勤務要員養成所」が設立されたのである。

後方勤務要員養成所の第1期生の選考試験は、秋草中佐が委員長となり実施された。受験会場に集まったのは、各師団選り抜きの青年士官たちだ。

試験は口頭による質問によって行われ、その内容は、「謀略とは何か」「中国語で『飛行機が飛んできた』というのはなんというか」「共産党をどう思うか」といった常識的なものから、「好きになった女に情死を迫られたらどうするか」「野原に垂れ流してある大小便を女のものか、男のものか、判断するにはどんな注意が必要か」「映画は洋画と邦画、どちらが好きか」という風変わりなものまでにおよび、こうした硬軟取り混ぜた質問を、各委員が矢継ぎ早に浴びせた。

そんな試験の結果、採用が決まったのは20名。各部隊からの推薦を受け、そのうえ厳しい選考にパスしたのだから、彼らが秀才中の秀才であることは間違いなかっただろう。

特殊な教育法

そんな後方勤務要員養成所は1940年、陸軍大臣の管轄となり、名称が「陸軍中野学校」に変更された。そして1941年には、参謀本部直轄の軍学校へと転身する。

ただ、軍直轄とはいえ、中野学校における学校生活は、いわゆる「軍隊生活」とは程遠いものだった。

生徒たちはまず、入学したと同時に本名を別の名に変えさせられ、家族との通信は許されたものの、直接手紙を出すことは禁じられた。

起床は午前7時。しかし、厳密に定められていたわけではなく、適当な時刻に軍人会館の地下食堂に行って朝食を済ませ、午前10時の学課開始に間に合えば問題なかった。

学課授業は午前中に終わり、午後5時までは課報謀略の実際を学ぶ術課。その後は自由時間で門限もなく、翌朝10時の授業に間に合えば外泊も許された。

さらに、制服はなく全員背広姿で、坊主刈りを強制されることもなく、上官に会って敬礼すれば、「敬礼は軍人の挨拶である」と叱責を受けた。

つまり彼らは、あくまでも一般人として世間に溶け込むよう訓練されたのである。

そんな中野学校での教育における最も大きな特徴は、天皇陛下を神格化していなかった点である。

そのころの日本人は天皇陛下を「現人神《あらひとがみ》」として崇め、軍人はその名を口にする、もしくは耳にする際には直立不動の姿勢をとることが常識だった。

そうした状況下でありながら、中野学校では「天皇も我々と同じ人間である」と教育し、さらに、宿舎の中では「天皇批判」の論議も行われたといわれている。

「謀略は誠なり」

このように、在学中はかなり自由な校風の中野学校ではあったものの、当然ながらその卒業生たちはスパイとして各国に送られ、見知らぬ土地で見知らぬ人々に混じり、諜報活動に従事しなければならなかった。

彼らには、位階や勲章などといった軍人としての名誉は存在せず、たとえ捕虜になったとしても、生き延びて任務をまっとうすることが義務づけられた。

さらに、スパイ活動であるため彼らの功績が語られることはなく、見破られて捕縛されれば、銃殺もしくは絞首刑。報われることは一切なかった。

それでも「謀略は誠なり」、つまり「名誉や地位を求めず、人類社会および国と国民のために尽くす」という誇りを胸にスパイ活動を行った中野学校の卒業生たちは、日本を有利に導くだけでなく、植民地支配されていたアジア各国の義勇軍と手を結び、その独立運動に加担したりもしている。

しかし、戦局の悪化に伴い、中野学校の卒業生たちも戦線に送られることになり、1944年にはゲリラ要員を養成する目的の「陸軍中野学校二俣分校」が、現在の静岡県浜松市に設立されている。

また、1945年3月には、東京大空襲の影響を受け、中野学校は群馬県富岡町（現・富岡市）に移設。その教育内容は二俣分校と同じくゲリラ要員養成へと変更され、本来の目的も失われてしまい、その後の8月、終戦に伴い閉校した。

ちなみに、終戦から29年を経た1974年に、フィリピンのルバング島から帰還したあの有名な小野田寛郎《ひろお》元少尉は、陸軍中野学校二俣分校の出身だった。

日本軍の謎
vol.32

【特別高等警察】恐怖の秘密警察「特高」の実態とは？

設立のきっかけは「大逆事件」

1910年5月、明治天皇の暗殺計画が発覚し、長野県在住の社会主義者・宮下太吉ら4名が逮捕されるという「信州明科爆裂弾事件」が起きた。

これを機に、政府はすべての社会主義者および無政府主義者に対して取り調べや家宅捜索を行い、その結果、数百人が逮捕された。

このうち26人が起訴され、明治の思想家でありジャーナリストだった幸徳秋水《こうとくしゅうすい》ら24名が、死刑の判決を受けた（執行されたのは12名）。

これが、いわゆる「大逆事件」であるが、実はこの事件そのものは、政府によるでっち上げだといわれている。

ともあれ、この事件を受けて1911年、警視庁内にあった政治運動を取り締まる「高等警察」から分かれる形で、社会運動を取り締まる「特別高等警察課」が設置された。

これが「特別高等警察」、通称「特高」と呼ばれる「秘密警察」の始まりである。
その後、特別高等警察課は大阪や京都などの主要都市においても設立され、１９２８年には、全国の警察署に特別高等警察課が設けられることとなった。

「特別高等警察」の検閲課による検閲の様子

政府直轄の警察

特高の最大の特徴は、「課」であるにもかかわらず、地方長官や警察部長などを通さずに、内務省警保局保安課が直接指揮を執ったことだ。つまり、普通の地方警察とは違い、日本政府と直接繋がる国家警察だったのである。

その役目は、「国家存立の根本を破壊し、もしくは社会の安寧秩序をかく乱せんとするがごとき各種社会運動を防止鎮圧するをもって、主たる任務とする」（「特別高等警察執務心得」より。原文は送り仮名がカナ。一部意訳）とされ、おもに共産主義者が、その取り締まりのターゲットとなった。

そんな特高が全国に展開する根拠となったのが、1925年に制定された「治安維持法」だ。天皇制を批判し、私有財産を禁ずる思想を持つ社会運動家の根絶を目的としたこの法律に基づき、特高は一般市民を迫害していく。

さらに特高は、「血盟団事件」や「五・一五事件」の影響もあり、共産主義者だけでなく、極右の国家主義者たちも標的にしていった。

エスカレートする活動

1932年、警視庁の「特別高等警察課」は「特別高等警察部」に昇格した。

そしてこの翌年、「蟹工船」の作者で共産党員だった小林多喜二が特高の尋問によって死亡するなど、その取り締まりはますますエスカレートしていった。

実際、特高の尋問は苛烈を極めたという。殴る蹴るは当たり前。タバコの火を身体に押しつけたり、両手両足を縛ったり、また、相手が女性の場合には、裸にして乳房を揉むという行為にまでおよんだとさえいわれている。

そして日本が戦時下に入ると、特高の検挙の手はさらに伸びた。共産主義者や極右活動家だけではなく、自由主義者や反戦主義者、あるいは「エセ宗教」とみなされた「新宗教」などもその対象となったのである。

また、実際に前述の活動などを行わずとも、事件が起これば普段から怪しいと監視されていた「要視察人」までが予防検束（身柄の拘束）され、虐待や拷問を受けた。例を挙げれば、東京で起きた事件にもかかわらず、関係のない九州の要視察人が検束されたり、あるいは、与謝野晶子の詩集を持ち、「君死にたまうことなかれ」の一節に傍線を引いていたというだけで、取調べを受けた女学生もいたという。

さらに、情報を得るべく、特高に属する秘密警察官は緻密な諜報活動を行った。その結果、理髪店や銭湯での噂話がもとで要注意人物とみなされた者もいたほどだ。

このように、活動が日に日にエスカレートしていく特高は、選挙への干渉も強めた。政府が推薦する候補者以外の選挙委員を逮捕するなどして妨害を行い、また、投票所に来た人に政府の推薦候補に投票するよう威嚇したりもしている。

陸軍の参謀石原莞爾。東條内閣を批判したため、特高に監視されることとなった。

しかも、こうした特高の目は民間人だけでなく、東条内閣を批判していた軍人の石原莞爾《いしわらかんじ》や、右翼団体「東方会」の総裁で大政翼賛会総務も務めた中野正剛《せいごう》にまで向けられ、仲間内であっても監視の対象とされたのである。

血に彩られた〝特高〟の足跡
文化も人権も蹂躙
言語に絶する拷問

特高廃止の翌日、「血に彩られた〝特高〟の足跡」という見出しでその凄惨な拷問を報じる新聞記事（朝日新聞 1945/10/7）

マスコミも弾圧

そして1942年には、マスコミも特高からの弾圧を受けるという事件が起きた。いわゆる「横浜事件」である。

その発端は、総合雑誌「改造」に掲載された細川嘉六《かろく》の論文「世界史の動向と日本」だった。

この論文の内容が、ソ連を賛美した共産主義的なもので、さらに政府のアジア政策を批判しているとして、「改造」は発禁処分となり、細川は逮捕された。

さらに、細川と「改造」や「中央公論」の編集者などが同席した集合写真が見つかり、「日本共産党の再結成を企てた」という疑いをかけられてしまう。

実のところ、この写真は単に細川の書籍の出版を記念して撮影されたものだったのだが、改造社、中央公論社、朝日新聞社、岩波書店など、おもにマスコミ関係に所属していた約60人が治安維持法違反容疑で検挙され、4人が獄死している。

ＧＨＱによる廃止

このように、当初は共産主義者による活動などを取り締まるために設けられた秘密警察・特高だったが、その手はいつしか民間人だけでなく、政治家、軍人、マスコミなど、ありとあらゆる方向に伸びていった。

その結果、「安寧秩序をかく乱せんとするがごとき各種社会運動を防止鎮圧する」はずの特高自身が、人々にとっての恐怖の対象となってしまったのである。

そんな特高も１９４５年10月、連合国軍最高司令官総司令部（ＧＨＱ）の指令により、治安維持法と共に廃止され、関連した人のほとんどは公職を追放された。

とはいえ、ＧＨＱが社会主義運動に対する制限を設ける政策を打ち出していたこともあり、罪を問われたり、処罰される特高出身者は出なかった。

ちなみに、戦後、国会に進出した元特高関係者も多く、一説によれば、その数は衆議院41人、参議院13人に上るといわれている。

日本軍の謎
vol.33

【配給制度・闇市】戦中・戦後における庶民の物資調達法とは？

生活必需品不足の足音

日本が太平洋戦争へ向かって歩み始めたころから、国の産業は兵器製造などの軍需に集中し、生活に必要な品物の生産は減少していった。

また、労働人口の中心を担う20代から40代の男性が兵士として駆り出されたため、生産能力も落ちていく。その結果、当然ながら国民の生活必需品は不足状態となった。

そして、生産された軍需品は国が買い取るため、通貨が必要以上に出回ってしまう。つまり、金はあるのに購入する品物がない状態である「インフレ」が、社会を席巻してしまったのだ。

このような状況の中、資源はすべて軍事優先とされ、まずは石油の使用が制限されることになった。

１９３８年5月、石油の販売はそれまでの自由販売から、配布された切符がないと購入できない「切符制」に変わり、同年8月には官庁の自動車使用が禁じられ、民間用自動車の製造も中止となった。そのため、バスやタクシーはガソリンではなく、木炭や練炭を燃やして走るよう工夫された。

また、これとほぼ同時期に、商工省（現在の経済産業省）は、国内向け綿製品の製造と販売を制限する省令を公布する。

綿製品の製造と販売の制限が決定したため、買いだめをしようと百貨店に殺到する人々

そして、その代替として、木材パルプを原料とした粗悪な「人造絹《けん》糸《し》混紡《こんぼう》」（通称「人絹」）または「スフ」）が使われるようになった。

このように、戦争に近づくにつれ、庶民の生活は徐々に圧迫されていったのである。

止まらぬインフレ

さらに、こうした国の規制は石油や綿だけに留まらず、兵器の原料となる鉄や革製品の使用も禁止された。１９３８年5月には、鉄製品の製造機械はその使用が制限され、家庭に常備されている鉄製品47品目も使用を制限される。

食糧の配給を受ける庶民たち

一方、そんな中でも軍需産業は潤い続けたため、一部富裕層の金余り現象は続き、これによってインフレはますます加速し、世に出回る品物の価格も高騰していった。

　そこで政府は１９３９年、経済統制の実施を決定。物価を固定するため、公定価格が定められた。これにより、生活必需品はもちろんのこと、地代や家賃、そして労働者の給与まで凍結されることになった。

　ただし、公定価格を定めたとはいえ供給が増えるわけではないので、商人たちは公定価格よりも割高な「闇価格」を設定してしまう。

　結果、インフレが収まることはなく、日本経済は混乱をきたした。

配給制度の開始

このように収拾がつかなくなった中で、政府は生活必需品の自由販売を禁止し、配布された切符に応じて、定められた量しか買えない「配給制度」をスタートさせた。

１９４０年、政府は「戦時食糧報国運動実施要綱」を定め、まずは東京、大阪、名古屋などの６都市で米の配給を実施した。このときに定められた米の消費量は、１日１人３合までというものだった。

続いて、１９４１年の「生活必需物資統制令」の公布により、味噌、醤油、塩、砂糖といった食品から、木炭やマッチなど（これらの物資を「統制品」という）も配給制になった。

その後、米の配給量は１日１人２・５合に減らされ、また、外食も「外食券」がないと食べられなくなった。

そして１９４２年には、ついに衣類までが配給制となり、国民は、国からの配給を受けなければ、食べることも着ることもできなくなってしまったのである。

しかし、こうした配給制度によって国民の食料事情が安定したかといえば、そんなことはなく、戦争が激化していくにつれて、食料は戦地への輸送に重点が置かれるようになり、その不足は深刻なものになっていった。

切符はあっても米がない。その代わりに国民に配給されたのが、サツマイモやジャガイモ、カボチャなどの代用食だった。

ちなみに、配給を受けるための切符の配布は、町内会や隣組などといった互助組織の長が

東京・新橋にあった戦後の闇市

担っていたのだが、意に沿わぬ住民に対しては、配布を行わないという事例もあったといわれている。

当然ながら、切符をもらえなければ死活問題なので、住民たちは彼らに逆らうことができず、町内会や隣組の長の権限は絶大なものになっていたという。

戦後に林立した「闇市」

その後、日本は1945年8月に終戦を迎えるが、戦争が終わったからといって、むろん即座に食料や生活必需品の供給が安定するわけではない。

むしろ、復員兵などによって都市の人口は増加し、物資の不足に拍車がかかることとなったのだった。

このため、戦争が終わっても配給制度は続いたのだが、不運なことに1945年は不作の年で、米の絶対量が不足していた。

米の流通は途絶え、都市部では餓死者が続出するという事態に陥る。そんな中で暗躍したのが、不良在留外国人グループや愚連隊などといった裏組織だった。

彼らは独自のルートで各所から商品をかき集め、焼け跡にバラック造りの店を構えて、法外な値段でそれらを売り始めたのである。

さらにその後は、次第に組織に属さぬ個人の店も増え始め、いつしか都市部には、商店街のような様相を呈する一角が形成されるようになった。

彼らが扱っていた商品は、当然ながら国の管理を逃れた「闇物資」であり、店を構えている土地についていても不法占拠だった。

そして、こうした店々が集まる場所は、「闇市」と呼ばれるようになる。

そんな闇市は、もちろん違法である。とはいえ、この闇市の存在なくして、庶民の生活は成り立たなかった。

このような状況から、不法ではあるものの半ば警察も闇市を黙認していたのだが、その後の１９４９年、連合国軍最高司令官総司令部（ＧＨＱ）によって闇市の撤廃命令が出された。

これによって闇市は衰退していくこととなったが、各商店主たちは土地の使用権を合法的に手に入れ、今度は商店街としての地位を確立していくこととなる。

そして、東京・吉祥寺の「ハーモニカ横丁」、あるいは神戸の「元町高架下商店街」など、闇市がルーツとされる商店街は、現在なお多数残っている。

本書は２０１１年４月に小社より刊行された『教科書には載っていない　日本軍の謎』を再編集して文庫化したものです。

主要参考文献・サイト一覧

「皇族と帝国陸海軍」浅見雅男著（文藝春秋）
「海底の沈黙―『回天』発進セシヤ」永沢道雄著（日本放送出版協会）
「風船爆弾―純国産兵器『ふ号』の記録」吉野興一著（朝日新聞社）
「真相・カミカゼ特攻―必死必中の300日」原勝洋著（KKベストセラーズ）
「昭和史の大河を往く　第七集　本土決戦幻想　オリンピック作戦編」保阪正康著（毎日新聞社）
「昭和史の大河を往く　第八集　本土決戦幻想　コロネット作戦編」保阪正康著（毎日新聞社）
「ノモンハン事件　日本陸軍『失敗の連鎖』の研究」三野正洋／大山正著（ワック）
「ノモンハン事件の真実」星亮一著（PHP研究所）
「二・二六事件全検証」北博昭著（朝日新聞社）
「昭和動乱の真相」安倍源基著（中央公論新社）
「父と私の二・二六事件」岡田貞寛著（講談社）
「昭和史の軍人たち」秦郁彦著（文藝春秋）
「その時歴史が動いた10」NHK取材班編（KTC中央出版）
「参謀の戦争」土門周平著（講談社）
「日本陸軍指揮官総覧」新人物往来社戦史室編（新人物往来社）
「戦艦大和の最後―一高角砲員の苛酷なる原体験」坪井平次著（光人社）
「山下奉文―昭和の悲劇」福田和也著（文藝春秋）

「人間将軍山下奉文―『マレーの虎』と畏怖された男の愛と孤独」安岡正隆著（光人社）
「米内光政と山本五十六は愚将だった―『海軍善玉論』の虚妄を糺す」三村文男著（テーミス）
「勝つ司令部　負ける司令部」生出寿著（新人物往来社）
「昭和二万日の全記録第5巻　一億の『新体制』」講談社編（講談社）
「富嶽　米本土を爆撃せよ上・下」前間孝則著（講談社）
「図解　太平洋戦争」後藤寿一監修（西東社）
「日本陸軍将官総覧」太平洋戦争研究会編著（ＰＨＰ研究所）
「参謀・辻政信」杉森久英著（河出書房新社）
「巨大戦艦大和はなぜ沈んだのか―大和撃沈に潜む戦略なき日本の弱点」中見利男著（日本文芸社）
「日本軍の小失敗の研究―現代に生かせる太平洋戦争の教訓」三野正洋著（光人社）
「続・日本軍の小失敗の研究―未来を見すえる太平洋戦争文化人類学」三野正洋著（光人社）
「日本陸軍がよくわかる事典―その組織、機能から兵器、生活まで」太平洋戦争研究会著（ＰＨＰ研究所）
「日本海軍がよくわかる事典―その組織、機能から兵器、生活まで」太平洋戦争研究会著（ＰＨＰ研究所）
「日本の戦車と軍用車両―輸入戦車から炊事自動車まで軍隊のビークル徹底研究」高橋昇著（文林堂）
「世界の『戦車』がよくわかる本」齋木伸生著・監修（ＰＨＰ研究所）
「第二次世界大戦の『軍用機』がよくわかる本」ブレインナビ編著（ＰＨＰ研究所）
「第二次世界大戦『幻の秘密兵器』大事典」戦記兵器調査会編（廣済堂出版）
「本当にゼロ戦は名機だったのか―もっとも美しかった戦闘機　栄光と凋落」碇義朗著（光人社）
「空母入門―動く前線基地徹底研究」佐藤和正著（光人社）

「特攻　特別攻撃隊」別冊宝島編集部編（宝島社）
「やっぱり勝てない？　太平洋戦争―日本海軍は本当に強かったのか」やっぱり勝てない？制作委員会編（シミュレーションジャーナル）
「最悪の戦場に奇蹟はなかった―ガダルカナル、インパール戦記」高崎伝著（光人社）
「石原莞爾　その虚飾」佐高信著（講談社）
「図説　満州帝国」太平洋戦争研究会著（河出書房新社）
「図説　太平洋戦争・16の大決戦」森山康平著／太平洋戦争研究会編（河出書房新社）
「『昭和』を変えた大事件―これだけ読めばよくわかる」太平洋戦争研究会編著（世界文化社）
「太平洋戦争『必敗』の法則―これだけ読めばよくわかる」太平洋戦争研究会編著（世界文化社）
「関東軍」島田俊彦著（講談社）
「太平洋戦争、七つの謎―官僚と軍隊と日本人」保阪正康著（角川書店）
「本土決戦―幻の防衛作戦と米軍進攻計画」土門周平著（光人社）
「20世紀　太平洋戦争」読売新聞20世紀取材班編（中央公論新社）
「20世紀　大東亜共栄圏」読売新聞20世紀取材班編（中央公論新社）
「20世紀どんな時代だったのか　戦争編―日本の戦争」読売新聞社編（読売新聞社）
「もう一度学びたい太平洋戦争」後藤寿一監修（西東社）
「知識ゼロからの太平洋戦争入門」半藤一利著（幻冬舎）
「真珠湾攻撃の真実」太平洋戦争研究会編著（ＰＨＰ研究所）
「アジア・太平洋戦争　集英社版　日本の歴史（20）」森武麿著（集英社）

「新・地球日本史（2）明治中期から第二次大戦まで」西尾幹二編（産経新聞ニュースサービス）
「知れば知るほど　太平洋戦争」小林弘忠著（実業之日本社）
「戦争の日本史23　アジア・太平洋戦争」吉田裕／森茂樹著（吉川弘文館）
「秘録・陸軍中野学校」畠山清行著／保阪正康編（新潮社）
「父が子に教える昭和史」柳田邦男／藤原正彦／福田和也／中西輝政／保阪正康／半藤一利他著（文藝春秋）
「ビジュアル版・人間昭和史3　悲劇の将星」（講談社）
「英雄の素顔―ナポレオンから東條英機まで」児島襄著（ダイヤモンド社）
「東條英機　封印された真実」佐藤早苗著（講談社）
「カルトの泉　オカルトと猟奇事件」唐沢俊一／ソルボンヌK子著（ミリオン出版）
「風船爆弾秘話」櫻井誠子著（光人社）
「陸軍登戸研究所の真実」伴繁雄著（芙蓉書房出版）
「回天菊水隊の四人―海軍中尉仁科関夫の生涯」前田昌宏著（光人社）
「玉音放送」竹山昭子（晩聲社）
「中島戦闘機設計者の回想　戦闘機から『剣』へ―航空技術の闘い」青木邦弘著（光人社）
「技術者たちの敗戦」前間孝則著（草思社）
「日本軍用機航空戦全史第5巻　大いなる零戦の栄光と苦闘」秋本実著（グリーンアロー出版社）
「陸軍中野学校の全貌」加藤正夫著（展転社）
「戦争と庶民1940～49　①大政翼賛から日米開戦」（朝日新聞社）
「写真秘録　東京裁判」講談社編（講談社）

「日本20世紀館」（小学館）
「1億人の昭和史　②二・二六事件と日中戦争」（毎日新聞社）
「戦艦大和と日本人」永沢道雄著（光人社）
「あの戦争を伝えたい」東京新聞社会部編（岩波書店）
「独立行政法人　理化学研究所」（http://www.riken.go.jp/）
「皇国史観研究会」（http://shikisima.exblog.jp/）
「株式会社タミヤ」（http://www.tamiya.com/japan/）
「ワタ艦」（http://www.watakan.net/）
「国立公文書館　アジア歴史資料センター」（http://www.jacar.go.jp/）
「中國新聞」（http://www.chugoku-np.co.jp/）

教科書《きょうかしょ》には載《の》っていない　日本軍《にほんぐん》の謎《なぞ》

2016年8月10日第1刷

編者　日本軍の謎検証委員会
制作　オフィステイクオー
発行人　山田有司
発行所　株式会社　彩図社《さいずしゃ》
〒170-0005
東京都豊島区南大塚3-24-4　MTビル
TEL 03-5985-8213　FAX 03-5985-8224
URL：http://www.saiz.co.jp
https://twitter.com/saiz_sha

印刷所　新灯印刷株式会社

ISBN978-4-8013-0171-9 C0195